Markus O. Häring

Sündenbock CO$_2$
Plädoyer für ein lebenswichtiges Gas

Mit bester Empfehlung von Werner Mohaupt 15.5.18

Markus O. Häring

Sündenbock CO$_2$

Plädoyer für ein lebenswichtiges Gas

CARNOT-COURNOT VERLAG

Impressum

© 2017 Carnot-Cournot Verlag, Basel

Alle Rechte vorbehalten.
Kein Teil dieses Buches darf ohne schriftliche Genehmigung des Verlags reproduziert werden, insbesondere nicht als Nachdruck in Zeitschriften oder Zeitungen, im öffentlichen Vortrag, für Verfilmungen oder Dramatisierungen, als Übertragung durch Rundfunk oder Fernsehen oder in anderen elektronischen Formaten. Dies gilt auch für einzelne Bilder oder Textteile.

Umschlag und Satz:	Stephan Cuber, diaphan gestaltung, Bern
Umschlag:	The Scapegoat von William Holman Hunt (1854)
Lektorat:	Christine Krokauer, Würzburg
Druck und Einband:	www.bookpress.eu
Verwendete Schriften:	FF Yoga und FF Yoga Sans
Papier:	Umschlag, 135g/m², Bilderdruck glänzend, holzfrei
	Inhalt, 90g/m², Munken Creamy, 1,5-fach

ISBN 978-3-033-06538-3
Printed in Poland

www.c-c-netzwerk.ch

Inhalt

Abbildungen		7
Tabellen		10
1	**Vorwort und Dank**	11
2	**Weshalb dieses Buch**	15
3	**Die Eigenschaften von CO_2**	23
4	**Kohlenstoff – Grundbaustein des Lebens**	29
5	**CO_2 im Kohlenstoffkreislauf**	37
5.1	Wichtigkeit der Bilanzierung	43
5.2	Bilanzierung der anthropogenen Quellen	45
5.3	Bilanzierung der natürlichen Quellen und Senken	45
5.4	Verweilzeit in der Atmosphäre	47
6	**Treibhausgase und CO_2**	49
7	**Rolle der Treibhausgase im Klimageschehen**	53
7.1	Wirksamkeit anderer Treibhausgase	61
7.2	Das menschliche CO_2-Signal	62
8	**Wissenschaft, Ideologie und Politik**	67
8.1	Unsinnige Dämonisierung	68
8.2	Selektive Kommunikation	71
8.3	CO_2-Budgets	73
8.4	Klimamodelle	77
8.5	Modellresultate und Politische Empfehlungen	82
8.6	Illusorische Reduktionsziele	85
8.7	Trügerische Klimaziele der Schweiz	88

8.8	Wirkung von Emissions-Reduktionen	94
8.9	Mitigation & Adaption	97

9 Reduktionsmethoden — 103
9.1	Verzicht	103
9.2	Effizienzsteigerung	104
9.3	CO_2-Abscheidung und -Speicherung	104
9.4	Substitution	106

10 Weshalb Dekarbonisierung trotzdem Sinn macht — 113
10.1	Gewässerverschmutzung	116
10.2	Luftverschmutzung	117
10.3	Übernutzung natürlicher Ressourcen	118
10.4	Abfälle	122

11 Grüne Sünden — 133
11.1	CO_2-Sauger	136
11.2	CCS	137
11.3	Biotreibstoffe	139

12 Wie kann eine Post-C-Welt aussehen — 141
12.1	Beispiel: Elektrifizierte Mobilität	143
12.2	Beispiel: Brennstofffreier Gebäudepark	149
12.3	Denkbare Szenarien	156
12.4	Wer kann sich das leisten?	164
12.5	Relevanz des EROI	168
12.6	Zukünftiger Energiemix	170

13	**Schlusswort**	173
14	**Bibliographie**	176
15	**Glossar**	179

Abbildungen

23 **Abb. 1**: Definition von Kohlendioxid aus dem IPCC-Sachbericht 2013
23 **Abb. 2**: CO_2-Molekül. Zwei Sauerstoffatome sind mit je einer Doppelbindung an ein zentrales Kohlenstoffatom aneinander gebunden. Es bildet sich ein lineares Molekül.
25 **Abb. 3**: Durch Infrarotstrahlung angeregte Molekularschwingung des CO_2- und des Wassermoleküls, aus Sirtl 2010
26 **Abb. 4**: Phasendiagramm von CO_2
27 **Abb. 5**: Auswaschen von Erdöl mit CO_2 (Quelle: NETL)
32 **Abb. 6**: Wandel der Atmosphäre im Laufe der Erdgeschichte
34 **Abb. 7**: Begrünungsindex aus Zhu et al. (2016): Klimaerwärmung ist die Hauptursache für die Begrünung in den nördlichen Breiten, CO_2-Anreicherung ist die Hauptursache für die Begrünung in den tropischen Gebieten.
38 **Abb. 8**: Schematische Darstellung des Kohlenstoffkreislaufs. Angaben in Petagramm (resp. Milliarden Tonnen) Kohlenstoff. Schwarze Pfeile und Zahlen: natürlicher Kreislauf vorindustrieller Zeit. Rot: anthropogener Anteil gemittelt 2000-2009. Quelle IPCC
39 **Abb. 9**: Kohlenstoff-Zyklus und seine Speicher, massstäbliche Darstellung der Speicher in Abb. 8
39 **Abb. 10**: Kohlenstoffflüsse; Ausschnitt aus Abb. 9. Massstäbliche Darstellung der Flüsse in Abb. 8
40 **Abb. 11**: Kohlenstoffquellen und -senken 1880-2013 nach Le Queré et al …
43 **Abb. 12**: Saisonale und langfristige Änderung der CO_2-Konzentration sichtbar gemacht mit OCO_2 Satellitendaten. Ausschnitt aus einer Animation zur Dynamik von CO_2 in der Atmosphäre. Quelle: https://www.nasa.gov/mission_pages/oco2
49 **Abb. 13**: Strahlungsbilanz der Erde, nach Kiehl und Trenberth, Quelle: https://upload.wikimedia.org/wikipedia/commons/d/d2/Sun_climate_system_alternative_%28German%29_2008.svg

58	**Abb. 14**: Sonnenflecken-Aktivität und Einstrahlkraft der Sonne. Quelle: Greg Kopp 2016
59	**Abb. 15**: Veränderung des Strahlungsantriebs durch Treibhausgase (aus 1)
72	**Abb. 16**: Rekonstruierter Temperaturverlauf, CO_2-Konzentrationen und Staubbelastung in den Vostok Eiskernen. Quelle: Petit et. al 1999
74	**Abb. 17**: Zur Erreichung der Klimaziele erforderliche Reduktion der CO_2-Emissionen. Quelle: https://de.wikipedia.org/wiki/CO_2-Budget
75	**Abb. 18**: Ursache der anthropogenen Treibhausgas-Emissionen. Links alle Bereiche, rechts nur Energiebereich. Quelle: Center for Climate and Energy Ressources
76	**Abb. 19**: Benötigte CO_2-Reduktion um «unter 2°C» Ziel zu erreichen (gemäss Rahmstorf 2017)
78	**Abb. 20**: Herleitung des menschengemachten Treibhausgaseffekts gem. IPCC
79	**Abb. 21**: Treibhausgas-Konzentrationspfade bis 2100 gem. IPCC
80	**Abb. 22**: Einfluss anthropogener Treibhausgase auf die Erwärmung 1951–2100
81	**Abb. 23**: Globaler Temperaturanstieg und anthropogene CO_2-Emissionen 1850–2010 . aus IPCC WG1 AR5
83	**Abb. 24**: Resultate der Klimamodelle der Szenarien RCP 2.6, 4.5, 6.0 und 8.5 im ICCP Bericht (WP1 AR5, FAQ 12.1, Fig1)
84	**Abb. 25**: Klimaprognosen in Summary for Policymakers zeigt zwei Extremszenarien und verschobene Temperaturskala auf der rechten Seite. Die wahrscheinlichen Szenarien RCP 4.5 und RCP 6.0 sind verschwunden. (Quelle: IPCC, Climate Change 2014, Impacts, Adaption and Vulnerability, WG II)
86	**Abb. 26**: CO_2-Emissionen pro Kopf vs. Bruttoinlandsprodukt ausgewählter Länder. Grösse der Blasen proportional zur Bevölkerung. Blau: Ist-Zustand; Rot und Grün: Veränderung bei Erfüllung der Klimaschutz Verpflichtungen am Klimagipfel in Paris 2015 (COP21)
88	**Abb. 27**: Treibhausgas-Reduktionsszenarien
90	**Abb. 28**: Treibhausgasemissionen ausgewählter Länder. Ab 2010 Zielpfade gemäss COP_2- Reduktionsvereinbarung. China und Indien machen über 2030 hinaus keine Angaben zur weiteren Entwicklung. Zielpfade China und Indien geschätzt. Beide Länder sind keine

	Reduktionsverpflichtungen, weder in relativen noch absoluten Mengen eingegangen.
91	**Abb. 29**: Links: Schweizerische Produktions- und konsumbasierte Treibhausgas-Emissionen mit Reduktionszielen; Bevölkerungswachstum in grau. Rechts: Emissionen pro Person mit Reduktionszielen
92	**Abb. 30**: CO_2-Reduktion dank Einbruch des Tanktourismus (Quelle: Keller, M., 2015)
109	**Abb. 31**: EIA Prognose der globalen Stromproduktion.
124	**Abb. 32**: Strand auf Öko-Insel Phu Quoc, Vietnam
142	**Abb. 33**: Energiebedarfs-Prognosen 2015–2035 (Quelle: BP Energy Outlook 2017)
144	**Abb. 34**: Treibhausgas-Emissionen von Personenfahrzeugen in Kilogramm CO_2-eq pro Fahrkilometer. ICE = Fahrzeug mit Verbrennungsmotor. BEV = Batterie betriebenes Fahrzeug. FCV = Brennstoffzellen betriebenes Fahrzeug. Grün: Direkte Treibhausgas-Emissionen. (Quelle: Hirschberg et al … [2016])
147	**Abb. 35**: Zusätzlicher Strombedarf für die E-Mobilität (Quelle: Thelma-Studie 2016)
148	**Abb. 36**: Effizienzsteigerung in der Mobilität bei Nutzung fossiler Primärenergie im Fahrzeug oder im Kraftwerk (Quelle: Alpiq 2010)
152	**Abb. 37**: Renovationsstand des schweizerischen Wohngebäudeparks. Quelle: Pfister et al. 2010
154	**Abb. 38**: 680 Jahre Hausbau in der Schweiz (1336–2016).
157	**Abb. 39**: Korrelation von BIP und Energiekonsum (Quelle: European Environment Agency)
171	**Abb. 40**: Anteil der Primärenergieträger an der globalen Energieversorgung bis 2035 (Quelle: BP Energy outlook 2035)

Tabellen

- 29 **Tabelle 1**: Die häufigsten Elemente des Sonnensystems. Grün hinterlegt: Hauptelemente der Organismen
- 61 **Tabelle 2**: Globales Erwärmungspotential von Treibhausgasen (ohne Wasserdampf) GWP_{20}, GWP_{100}: Globales Erwärmungspotential bei einer Betrachtung über 20 Jahre, resp. über 100 Jahre
- 77 **Tabelle 3**: Für die IPCC Klimamodelle verwendete repräsentative Konzentrationspfade
- 120 **Tabelle 4**: Reichweite von Energiereserven und -ressourcen; Stand 2016
- 130 **Tabelle 5**: CO_2- und Treibhausgasemissionen der Stromproduktion; Quelle: BAFU, 2012

1 | Vorwort und Dank

Der Begriff des Sündenbocks ist biblischer Herkunft. Am Tag der Sündenvergebung, Jom Kippur, machte der Hohepriester die Sünden des Volkes Israel bekannt und übertrug sie per Handauflegen symbolisch auf einen Ziegenbock. Mit dem Vertreiben des Bocks in die Wüste wurden diese Sünden mitverjagt.

Das unsichtbare und reaktionsträge Gas Kohlendioxid mit der chemischen Formel CO_2 nimmt heute in vielfacher Bedeutung die Rolle des Sündenbocks ein. Zunächst einmal ist Kohlendioxid wie der Ziegenbock gar nicht schuldfähig. Man meint, sich mit dem Abschieben des Sündenbocks oder heute eben mit dem Vermeiden oder Entsorgen von CO_2 seiner Umweltsünden entledigt zu haben. Und auch ein Ziegenbock hat eine unentbehrliche – wenn auch durch einen Rivalen ersetzbare – Funktion. Ganz im Gegensatz zu CO_2, das nicht nur unentbehrlich, sondern auch unersetzlich ist.

Information ist heute für jedermann sofort und aktuell, nahezu kostenlos verfügbar. Auf welchen Daten sie beruhen wird selten überprüft. In der Flut der elektronisch verfügbaren Information wäre das zwar oft möglich, wird aber meistens übergangen. In einer komplexen hochtechnisierten Welt sind wir mehr denn je auf wissenschaftliche Erkenntnis angewiesen. Und da wird es immer wichtiger, darauf zu achten, wie weit wissenschaftliche Aussagen auf wertfreier Erkenntnis beruhen oder wie weit eine Aussage bereits mit einer politisch motivierten Wunschvorstellung belastet ist. Im vorliegenden Buch versuche ich weit über die Bedeutung des erwähnten Gases hinaus, Zusammenhänge natürlicher Prozesse für den Laien verständlich zu erläutern. Als Geologe, als welcher ich mich in meiner ganzen Berufskarriere mit Energieressourcen aus dem Erdreich beschäftigt habe, zuerst als Explorationsgeologe für einen multinationalen Erdölkonzern, dann als eigenständiger Unternehmer für die Entwicklung geothermischer Energie aus unterschiedlichsten Tiefen, als Experte zu Erkundungsmethoden bei der Lagerung radioaktiver Abfälle und CO_2, musste ich mich nie nur mit den geologischen Verhältnissen auseinandersetzen, sondern diese Anwendungen immer in den Zusammenhang mit der Umweltverträglichkeit bringen. Dabei habe ich gelernt, dass es nicht genügt, sich nur mit dem eigenen Fachgebiet auseinander zu setzen. Ich habe gelernt, meine Tätigkeit in einen viel grösseren Rahmen sich gegenseitig beeinflussender Prozesse zu setzen. So etwas gelingt beim Arbeiten in interdisziplinären Teams. Ich habe mich deshalb immer um den Austausch mit Experten anderer Fachrichtungen bemüht. Im Weiteren haben mir meine langjährige Arbeitserfahrung auf vier Kontinenten ermöglicht, den Blickwinkel möglichst weit offen zu halten. Das hilft mir, die Grösse von Umweltproblemen nicht nur in ihrer lokalen, sondern ihrer globalen Wirkung einzuordnen.

Ich habe mir die Mühe gemacht, grosse Teile der nahezu unleserlich grossen Sachberichte des Weltklimarates IPCC durchzuarbeiten und diese mit den Zusammenfassungen, den «Summaries for Policy Makers», zu vergleichen. Das IPCC ist keine Forschungsinstitution, es ist wie der Name bereits sagt, eine Kommission oder ein Rat der von einer politischen Institution der Vereinten Nationen, dem UNFCCC, beauftragt ist. Die Aufgabe des IPCC ist es aus wissenschaftlich relevanten, begutachteten (peer reviewed) Arbeiten der Klimaforschung zu einer Abschätzung der Ursachen des Klimawandels in Bezug auf menschliche Einflüsse zu kommen. Die Sachplanberichte sind eine Quelle hervorragender wissenschaftlicher Erkenntnisse. Die Summaries for Policy Makers sind hingegen keine wissenschaftlichen Abhandlungen mehr. Es sind Feststellungen und Erklärungen, um deren Formulierung Mitglieder unterschiedlichster Interessenvertretungen Wort um Wort ringen. Darin sind politisch wirksame Aussagen formuliert. Deren Inhalt unterscheidet sich von den Sachberichten. In ihnen wird bereits eine politische Meinung vorgegeben. Trotzdem werden sie als «Konsens der Wissenschaft» angepriesen. Da findet ein hochproblematischer Schritt zur Politisierung der Wissenschaft statt, der offengelegt werden muss. Oft rezitierte

Aussagen, wie «The science is settled», mit der Meinung, die wissenschaftliche Erkenntnis sei aufgrund eines Mehrheitsbeschlusses in diesen Gremien unumstösslich, sind das verheerende Resultate dieses politischen und nicht wissenschaftlichen Prozesses.

Daten sind noch keine Information. Und Information kommt in unterschiedlichster Qualität daher. Deren laufende Überprüfung ist unumgänglich. Mehrheitsbeschlüsse politischer Gremien müssen kritisch hinterfragt werden. Das erfordert ein tiefes Verständnis in unterschiedlichen Disziplinen in Wissenschaft und Technik. Dazu ist ein Netzwerk kompetenter Wissenschaftler und Ingenieure hilfreich. Das habe ich im Carnot-Cournot Netzwerk (CCN) gefunden. Das CCN ist ein fachlicher Zusammenschluss unabhängiger Experten aus Ökonomie, Physik, Ingenieur- und Naturwissenschaften.

Deshalb geht mein Dank zuerst an meine Kollegen und Kollegin im CCN: Silvio Borner, Markus Saurer, Bernd Schips, Emanuel Höhener, Michel de Rougemont, Heinz Schmid und Sandra Bürli. Dank geht auch an all diejenigen, welche mich ohne Anspruch auf Nennung zum Schreiben dieses Buches finanziell unterstützt haben, mir jedoch nicht die geringsten Auflagen zu dieser Arbeit gemacht haben.

Meine Frau Lita ermöglicht mir eine optimale Umgebung für das Arbeiten zuhause. Der Blick aus dem Fenster, ein kurzer Gang in den Garten oder den Wald hinter dem Haus sind nicht selbstverständliche Privilegien. Man kann sie nicht genug schätzen. Ich bin dankbar, dass ich die Möglichkeit und die Gelegenheit habe, in einem solchen Umfeld nachdenken und schreiben zu können. Ich empfinde es als Verpflichtung gegenüber Mitmenschen, welche diese Privilegien nicht haben. Die Beobachtung der Natur zwingt laufend zu Bescheidenheit und Demut. Sie führt zur Erkenntnis, dass wir einen übermässig grossen Einfluss auf die Natur nehmen, diese letztlich aber nicht steuern können.

2 | Weshalb dieses Buch

Die Idee entstand einige Monate nach dem historischen Klimagipfel in Paris im Dezember 2015. Zu einer Zeit, als der ganzen Welt verkündet wurde, dass der Klimawandel nicht nur menschverursacht ist, sondern in einer erschreckenden politischen Verkürzung erklärt wurde, dass man das Ganze mit einer einzigen Steuerschraube - der Reduktion der Treibhausgase - korrigieren könne. Wer diese katastrophale Verkürzung in Frage stellt, wird heute in Politik und Wissenschaft ins Abseits gestellt.

Selbst wenn man als verantwortungsbewusster Bürger, der genauso auf die Zukunft seiner Kinder bedacht ist, die Klimaveränderungen mit Sorge zur Kenntnis nimmt und den ungebremsten Verbrauch fossiler Brennstoffe als Fehlentwicklung einstuft, darf man die klimapolitischen Simplifizierungen nicht mehr in Frage stellen. Es gibt kaum ein Thema, das mehr emotionsbeladen bewirtschaftet wird als Klimapolitik. Das ist bedenklich.

Die Idee zu diesem Buch entstand, bevor Donald Trump zum Präsidenten der USA gewählt wurde. Sein in destruktiver Art und Weise getroffener Entscheid, das Klimaabkommen von Paris zu kündigen, fiel mitten in die Entstehung dieses Buches. Das hat meine Ausführungen in keiner Weise beeinflusst. Diese Wende der Wende hat mich aber bestätigt, dass eine Auseinandersetzung mit dem Thema dringender denn je ist. Meine Absicht ist nämlich eine ganz einfache:

Wir müssen wieder zur Besinnung kommen.

Zurück auf eine Ebene einer sachlichen Diskussion. Wir müssen es wieder lernen, eine gesittete Diskussion über den real existierenden Klimawandel zu führen. Wir müssen es wieder lernen, den menschlichen Einfluss ohne jegliche Partikularinteressen, frei von Ideologie, unvoreingenommen zu bewerten. Ob mir das gelingen wird, weiss ich nicht. Werde ich in einer allfälligen Rezension als Klimaskeptiker tituliert, dann bin ich mit meiner Absicht gescheitert. Wenn ich allerdings als Skeptiker eingestuft würde, trüge ich das mit Stolz, denn das entspricht dem Wesen eines unvoreingenommenen wissenschaftlichen Analytikers. Der bin ich auch nicht. Dieses Buch ist keine wissenschaftliche Arbeit. Es ist, wie der Titel sagt, ein Plädoyer für einen Sündenbock, der für alles herhalten muss. Es ist ein Sachbuch, das versucht Fakten leicht verständlich zu vermitteln. Es ist ein Sachbuch, das sowohl Alarmismus als auch Verharmlosung eine Absage erteilt. Besorgniserregende Entwicklungen gibt es. Und die sind da, um korrigiert zu werden. Aufbauschen oder vertuschen sind auf jeden Fall die falschen Mittel.

Im Dezember 2015 proklamierte US-Präsident Barack Obama den Klimawandel als die grösste Bedrohung der Menschheit. Ob diese Rhetorik zutrifft oder ob sie so falsch ist wie die Behauptung seines Vorgängers George Bush zu den Massenvernichtungswaffen im Irak, wird die Zukunft erweisen. Dass die Massenvernichtungswaffen nie existierten, konnte man schnell nachweisen. Wie gefährlich der Klimawandel ist, wird man nie schlüssig beweisen können. Eine globale Erwärmung wird für Mensch und Natur sicherlich Folgen haben. Ob diese mehrheitlich negativer oder positiver Art sind, ist vollständig von der Sicht der Betroffenen abhängig und wird nie absolut beantwortet werden können.

Kein Thema wird so oft zur Begründung politischer Forderungen missbraucht wie der Klimawandel. Es gibt unwiderlegbare Zeugen einer Klimaerwärmung, wie zum Beispiel der seit bald 200 Jahren beobachtete Rückzug der Alpengletscher. Zum Klimawandel gibt es vermutete Trends wie zum Beispiel eine Zunahme extremer Wetterphänomene. Aber die stehen bereits schon auf wackligen Beinen. Das Feld wird von Ideologen aller Couleur missbraucht, um ihre Vorstellungen und Interessen einer Zukunft nach ihrem Gusto durchzusetzen. Keine Regierung, keine Partei kann es sich leisten, ohne irgendein Klimaschutzprogramm anzutreten. Negative Auswirkungen hatte der Klimawandel bis heute auf die Schneesicherheit von Winterskiorten, positive auf die Qualität von Wein. Selbst bei effektiv beobachtbaren Einflüssen ist eine objektive Bewertung bereits schwierig. Umso schwieriger ist eine Bewertung zukünftiger Auswirkungen. Um diese Fragen herum hat sich ein riesiges Tummelfeld von «climate change impact studies», Auswirkungsstudien zum Klimawandel, entwickelt. Die meisten Studien operieren mit absolut sauberen statistischen Methoden. Das ist unerlässlich, um einem peer review standhalten zu können und als anerkannte wissenschaftliche Literatur zu gelten. Trotzdem kann man aus Studien so ziemlich alles folgern, was der Empfänger begehrt. Eine korrekte statistische Herleitung schützt noch nicht vor Befangenheit und auch nicht vor unbeabsichtigtem Weglassen relevanter Fakten. Befangenheit spielt dann eine Rolle, wenn ein Modellierungsfaktor in seiner Wichtigkeit zu bewerten ist. Subjektive Gewichtungen von Input-Daten sind kaum zu vermeiden. Das wird vor allem dann relevant, wenn der Informationsgehalt eines bestimmten Datensatzes mit wenigen aber qualitativ hochwertigen Proben gegen einen Datensatz mit reichlichen, aber qualitativ minderwertigen Proben gewichtet werden muss. Ein Beispiel: Was hat den höheren Informationsgehalt zum Klima eines Bergtals? Die stündlich zuverlässig gemessenen Temperaturen über die letzten 50 Jahre an einer einzigen Messstation oder die statistische Auswertung der Wachstumsringe von hundert im Tal verteilten Bäumen? Die korrekte Antwort ist sicher: beide zusammen. Damit ist aber immer noch nicht entschieden, welche Datenquelle den höheren Informationswert hat.

Das Weglassen relevanter Fakten ist nicht zum vornherein eine unzulässige Handlung. Das trifft nämlich immer dann zu, wenn wir in die Zukunft projizieren. In dynamischen Systemen – und Klima ist nicht nur ein dynamisches, sondern sogar ein chaotisch-dynamisches System – ist es nicht möglich, alle kommenden Ereignisse zu kennen. Wäre das möglich, gäbe es keinen einzigen aktiven Klimaforscher mehr. Es ist wohl eine legitime Annahme, dass Börsenkurse von weniger Parametern abhängig sind als das Weltklima. Alle Klimamodellierer müssten deshalb längst Milliardäre sein, da sie die Börsenkurse vorausrechnen könnten.

Das inhärente Unwissen über die Zukunft wird noch verstärkt durch den Umstand, dass bei weitem noch nicht alle Kreisläufe in der Atmosphäre, Hydrosphäre und Geosphäre begriffen und zum Teil noch nicht einmal erkannt sind.

Doch zurück zur Bewertung eines real existierenden Klimawandels. War der Hitzesommer 2003 das Resultat des Klimawandels? In jenem Jahr wurde das sicher so angesehen. Aus heutiger Sicht ist es hingegen ein Ausreisser. Ist in Europa eine objektive Bewertung des Klimawandels auf Wirtschaft und Gesellschaft bereits messbar? Die Schigebiete und der Weinbau wurden schon erwähnt. Aber in der Summe?

Es mag deshalb nicht erstaunen, dass es der Klimawandel nicht einmal in die Top Ten auf dem Sorgenbarometer der Bürger bringt. Von der Credit Suisse wird seit 1976 jährlich anhand einer wissenschaftlichen Befragung ein Sorgenbarometer erstellt. In ihrer ersten Erhebung 1976 rangierte Umweltschutz gleich hinter der Arbeitslosigkeit als zweitgrösste Sorge. Vierzig Jahre später scheinen alle Umweltsorgen verschwunden. Sorge um die Umwelt ist von damals 73 % der Befragten auf 13 % der Befragten gesunken. Klimawandel scheint eine Mehrheit der Bürger nicht zu kümmern. Trotzdem wird viel davon geredet und geschrieben. Es ist davon auszugehen, dass Klima so etwas ist wie Wetter. Wenn man nicht weiss, worüber zu reden ist, irgendetwas fällt einem immer über das Wetter ein. Und eine Meinung dazu zu haben fällt noch leichter.

Wenn dem so ist, dass sich niemand Sorgen darübermacht, würde es wenig Sinn machen, in einem Buch auf mögliche Ursachen des Klimawandels einzugehen. Wenn da nicht die politischen Programme wären. Diese haben in der Tat einen erheblichen Einfluss auf die Energieversorgung der Zukunft und werden so einen massgeblichen Einfluss auf die Entwicklung von Wirtschaft und Gesellschaft haben.

An dieser Stelle sei nochmals ganz klar festgehalten: Es geht in diesem Buch weder um negative noch andere Auswirkungen des real existierenden Klimawandels. Es geht weder um Verharmlosung noch um Panikmache. Es geht ausschliesslich darum, das Thema Klimawandel auf eine sachliche Diskussion zurückzuführen und auf die sehr hohe Komplexität des wie bereits erwähnt chaotisch-dynamischen Systems aufmerksam zu machen. Es geht darum, einige bis ins Absurde abdriftenden Vereinfachungen zu entblössen. Unzulässige Vereinfachungen, die in der Regel der Befriedigung von Partikularinteressen dienen.

Treibhausgase haben die Eigenschaft, Infrarotstrahlung zu absorbieren und so zur Erwärmung der Atmosphäre beizutragen. Physikalisch ist dieser Effekt unbestritten, wenn auch in seinem Ausmass nicht restlos geklärt. Ein berechenbarer Anteil der Treibhausgase ist auf menschliche Tätigkeiten zurückzuführen. Die Zunahme der Treibhausgaskonzentration in der Atmosphäre entspricht ungefähr den anthropogenen Treibhausgasemissionen. Es ist deshalb nahezu zwingend anzunehmen, dass die Konzentrationszunahme durch menschliche Aktivitäten verursacht wird.

Trotzdem, ganz so einfach ist das nicht. Treibhausgase sind natürliche Bestandteile der Atmosphäre. Zwischen der Hydrosphäre, das sind vornehmlich die Ozeane, der Biosphäre, also sämtlichem Leben auf der Erde, der Geosphäre, den Landoberfläche und der Kryosphäre, dem Eis, besteht ein höchst dynamischer Austausch von Treibhausgasen mit der Atmosphäre. In diesen Kreisläufen wird massiv viel mehr umgewälzt als von menschlichen Emissionen dazu kommt. Dieser Umstand führt zu einer De-Korrelation zwischen Treibhausgas-Zunahme und anthropogener Emissionen, ändert aber nichts an der Tatsache, dass der Bilanzgewinn vermutlich menschengemacht ist. Diese scheinbar kleinliche Präzisierung wird dann wesentlich, wenn es um die Verweildauer von Klimagasen in der Atmosphäre geht. Weil es sich dabei um offene Kreisläufe handelt, ist es nicht so, dass in der Atmosphäre die Konzentration einfach laufend zunimmt und sich in den Ozeanen und der Biosphäre dabei nichts ändert. Durch die Erhöhung auf einer Seite verändern sich auch die Stoffflüsse zwischen den Systemen. Wenn sich der Partialdruck von CO_2 in der Atmosphäre erhöht, erhöht sich zum Beispiel auch der Eintrag in die Ozeane. In natürlichen Kreisläufen führt das in der Regel zu einer Glättung, respektive einer Dämpfung und nicht zu positiven Rückkoppelungen oder sogenannten «run away»-Effekten.

Entscheidend bei der Klimathematik sind nicht die Treibhauskonzentrationen an sich, sondern der Einfluss auf die Temperatur. Diese Beziehung wird aus der beschriebenen Beobachtung abgeleitet, weil Treibhausgase Infrarotstrahlung absorbieren. Das ist die Wärmestrahlung, welche von der Erde ins Weltall zurückgestrahlt wird. Sie entsteht auf dem durch die Sonne erwärmten Erdkörper. Treibhausgase absorbieren die Rückstrahlung, sie fangen einen Teil der Energie, welche von der Erde wieder abgestrahlt wird. Die absorbierte Infrarotstrahlung versetzt die Treibhausgasmoleküle in Schwingung, was nichts anderes als eine Erwärmung der Moleküle bedeutet. Dieser Effekt ist unbestritten. Schwieriger ist aber die Auswirkung auf die gesamte Luftsäule zu quantifizieren. Ein bereits erwärmtes Molekül kann nicht beliebig weiter erhitzt werden. Es tritt eine Sättigungsgrenze ein. Aus diesem Grund resultiert bei einer Verdoppelung der Treibhauskonzentration keine Verdoppelung der Erwärmung. Die Erwärmung folgt einer logarithmischen Kurve. Das heisst, bei zunehmender Konzentration nimmt die Erwärmung immer langsamer zu.

Auch dies ist noch kein Freipass für schrankenlose Treibhausgas-Emissionen, aber bereits ein weiterer Hinweis, dass alles nicht so einfach linear abläuft und eher auf dämpfende Mechanismen hinweist. Es ist aber ein Hinweis, dass bei einer Reduktion auch kaum eine Wirkung zu erwarten ist.

Wissenschaftler des Massachusetts Institute of Technology (MIT) kommen zu dem Schluss, dass das Klimaabkommen von Paris im besten Fall die natürliche Erwärmung bis Ende des Jahrhunderts um 0.2° Grad beeinflussen würde, selbst wenn sämtliche Länder ihre Verpflichtungen auf den Buchstaben genau umsetzen[1]. Die Environmental Protection Agency (EPA), ein Protagonist in der Klimaforschung, bestätigt diese ernüchternde Tatsache. Bei einer solchen Erkenntnis ist es schwierig, zur Tagesordnung überzugehen und die beschlossenen Reduktionsziele ohne Überprüfung der Wirkung weiterzuführen.

Es kann nicht im Sinne einer freiheitlichen Entwicklung von Wirtschaft und Gesellschaft liegen, aufgrund falscher Einschätzungen und vor allem aufgrund wissenschaftlich nicht haltbarer Forderungen ganze Energieversorgungssysteme umzubauen, einige zu bevorteilen und andere zu verbieten, ohne deren Auswirkung auf die Umwelt in gleichem Masse beurteilt zu haben. Unter dem Diktat, dem Klimawandel Einhalt zu gebieten, darf nicht alles erlaubt sein.

Es würde den Rahmen dieses Buches sprengen, die Stichhaltigkeit aller Klimamodelle und Wahrscheinlichkeiten aller modellierten Zukunftsszenarien zu diskutieren. Die Grundlage sämtlicher Klimadiskussionen ist in jedem Falle, dass sich die Kohlendioxid-Konzentration in der Atmosphäre in den letzten sechzig Jahren von 300 ppm (parts per million oder 0.03 %) auf 400 ppm, resp. 0.04 % erhöht hat. Diese Zunahme von 25 % über eine erdgeschichtlich extrem kurze Zeit ist grossmehrheitlich dem Verbrennen fossiler Ressourcen zuzuschreiben. Diese Annahme ist kaum zu widerlegen. Es ist auch nicht zu widerlegen, dass die Verbrennung fossiler Ressourcen endlich ist. Und es ist kaum zu widerlegen, dass sich die Energieversorgung in eine andere Richtung weiterentwickeln muss als in diejenige der letzten sechzig Jahre.

Es ist viel zu kurz gegriffen, die Beobachtung des Klimawandels in ein simples lineares Verhältnis mit der wachsenden CO_2-Konzentration zu bringen und daraus abzuleiten, dass der Klimawandel einzig und allein seine Ursache im Verbrennen fossiler Brennstoffe hat. Wissenschaftlich überhaupt nicht abgestützt ist der Umkehrschluss, dass eine CO_2-Reduktion den Klimawandel bremsen könnte. Doch genau das ist die politisch weiterum akzeptierte Forderung und zentrales Element der Klimabeschlüsse von Paris. «Wir wollen die Klimaerwärmung bis 2100 auf deutlich unter 2 Grad, nach Möglichkeit auf 1.5 Grad, begrenzen». Diese Forderung ist nicht nur wissenschaftlich unhaltbar, sie ist auch unehrlich. Keine Regierung der Welt wird sich dann für eine solch unsinnige Forderung verantworten müssen. Keiner der heutigen Scharfmacher wird für seine Behauptungen Verantwortung übernehmen müssen. Nicht einmal Ex-Präsidentschaftskandidat Al Gore, dessen masslose Übertreibungen sich bereits innerhalb weniger Jahren als unwahr erwiesen, wird für seine Falschaussagen zur Verantwortung gezogen.

Das vorliegende Buch versucht dem engagierten Energiepolitiker und dem interessierten Laien eine Grundlage zu vermitteln, die nicht auf Ideologie, sondern auf nüchternen physikalischen Grundregeln und naturwissenschaftlichen Beobachtungen aufbaut. Die Lektüre verlangt keine gehobenen Kenntnisse naturwissenschaftlicher Gesetze und auch keine besonderen technischen Fachkenntnisse. Komplexe physikalische Prozesse versuche ich mit anschaulichen Beispielen zu erklären.

3 | Die Eigenschaften von CO_2

> Carbon dioxide (CO_2) A naturally occurring gas, also a by-product of burning fossil fuels from fossil carbon deposits, such as oil, gas and coal, of burning biomass, of land use changes and of industrial processes (e.g., cement production). It is the principal anthropogenic greenhouse gas that affects the Earth's radiative balance. It is the reference gas against which other greenhouse gases are measured and therefore has a Global Warming Potential of 1.

Abb. 1: *Definition von Kohlendioxid aus dem IPCC-Sachbericht 2013*

Kohlendioxid ist eine chemische Verbindung aus Kohlenstoff und Sauerstoff mit der Summenformel CO_2. Unter atmosphärischen Bedingungen ist es ein unsichtbares, saures, farb- und geruchloses Gas. Die chemische Struktur des Moleküls ist eine gerade Kette mit einer Doppelbindung von je einem Sauerstoffatom mit einem Kohlenstoffatom in der Mitte. (Abbildung 2). Aufgrund seiner Symmetrie weist das Molekül kein Dipolmoment auf. Kohlendioxid kommt in der Atmosphäre, der Hydrosphäre, der Lithosphäre und der Biosphäre vor.

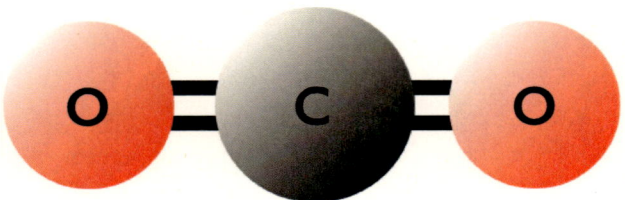

Abb. 2: *CO_2-Molekül. Zwei Sauerstoffatome sind mit je einer Doppelbindung an ein zentrales Kohlenstoffatom aneinandergebunden. Es bildet sich ein lineares Molekül.*

Kohlendioxid ist ungiftig und in Wasser gut löslich. Im Sprudelwasser und Süssgetränken gelöst wird es als Kohlensäure bezeichnet. Die Löslichkeit ist abhängig von Druck und Temperatur. Unter Druckzunahme und Temperaturabnahme steigt die Löslichkeit. Dies zeigt sich besonders gut beim Öffnen einer Getränkeflasche. Ist die Flasche warm und wird sie schnell geöffnet entweicht das CO_2 unter heftigem Sprudeln. Notabene: Klebrige Hände und Kleider sind nicht dem CO_2, sondern dem Zucker im Getränk anzulasten. Korken knallen bei Champagnerflaschen führt meist zu unkontrollierten Verlusten edlen Getränks.

Kohlendioxid ist ein unbrennbares Gas und kommt deshalb auch als Löschgas zur Anwendung. Die relative Dichte zu Luft beträgt 1.52. Das Gas kann sich in geschlossenen Räumen am Fussboden und in tieferliegenden Bereichen ohne Abflussmöglichkeit konzentrieren. Dies kann durch Verdrängung des Sauerstoffs zum Ersticken führen. Ein trauriges Beispiel dafür sind die Todesfälle von Menschen, welche sich nicht mehr aus Jauchegruben oder anderen geschlossenen Tankräumen mit hohen Konzentrationen von CO_2 befreien konnten.

In der Natur gibt es Beispiele grosser spontaner CO_2-Entgasungen aus dem Untergrund, die zu Todesfällen geführt haben. Das bekannteste Beispiel ist die CO_2-Eruption 1986 im Lake Nyos in Kamerun. Dort entgasten aus dem See spontan 80 Millionen Kubikmeter Kohlendioxid. Der Ausbruch erstickte rund 1700 Menschen und 3500 Haustiere. Die Gründe, die zur Entgasung aus dem See führten, sind nicht restlos geklärt. Das Seewasser war durch natürliche Zufuhr von CO_2 vulkanischen Ursprungs vollständig gesättigt und befand sich so in einem unstabilen Gleichgewicht. Vermutlich hat eine unterseeische Rutschung von Schlammmassen als Auslöser gedient und zu einem sich selbst verstärkenden Sprudeleffekt geführt. Damit wird auch in tieferen Wasserschichten mit höheren Gaskonzentrationen die Entgasung angeregt, was zu einer Kettenreaktion führt.

Kohlendioxid absorbiert in der Atmosphäre elektromagnetische Strahlung im Spektralbereich der Infrarotstrahlung. Die Strahlung regt das CO_2 zu einer Schwingung an, was physikalisch als Erwärmung wahrgenommen wird. Auf dieser Eigenschaft beruht seine Wirkung als Treibhausgas (Abbildung 3).

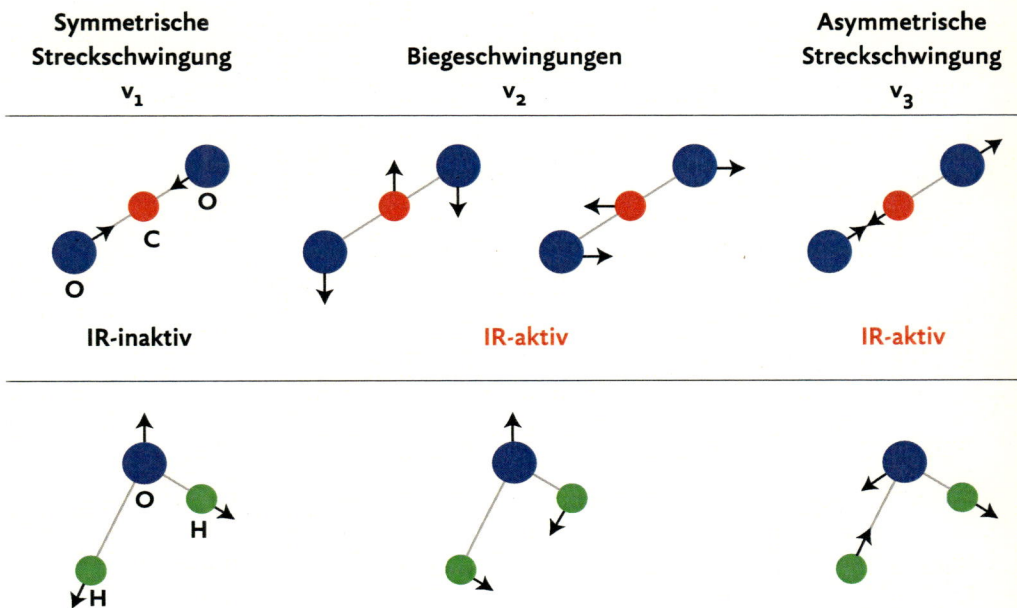

Abb. 3: Durch Infrarotstrahlung angeregte Molekularschwingung des CO_2- und des Wassermoleküls, aus Sirtl 2010[2]

Eine Wechselwirkung zwischen elektromagnetischer Strahlung und Molekülen, also die Absorption infraroter Strahlung, findet nur statt, falls sich durch die Schwingung das elektrische Dipolmoment ändert. Molekülschwingungen mit dieser Eigenschaft werden IR-aktiv genannt. Zweiatomige homo-nukleare Moleküle können nur symmetrische Schwingungen ausführen und somit keine Infrarotstrahlung absorbieren. In Abbildung 3 sind die Normalschwingungen für lineare dreiatomige Moleküle am Beispiel von Kohlendioxid und für gewinkelte dreiatomige Moleküle am Beispiel von Wasser dargestellt. Bereits daraus ist zu erkennen, dass Wasserdampf einen höheren Treibhauseffekt aufweisen muss als Kohlendioxid. Doch dazu mehr in Kapitel 6 «Treibausgase und CO_2.

In Wasser gelöstes CO_2 bildet Kohlensäure mit der Formel H_2CO_3, wobei der grösste Teil (99 %) nur physikalisch gelöst ist und die wässrige Lösung deshalb nur schwach sauer reagiert.

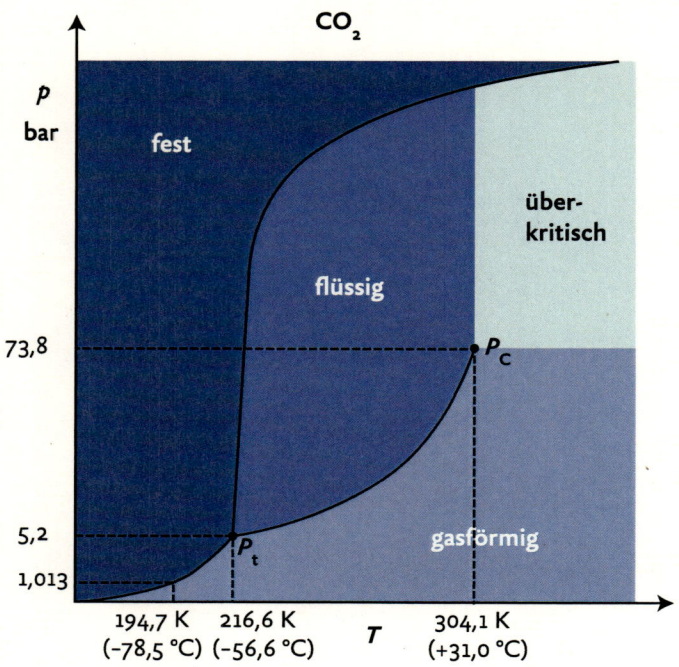

Abb. 4: Phasendiagramm von CO_2

In seiner reinen Form bei Temperaturen unter -78.5°C liegt CO_2 als Feststoff, als Trockeneis vor. Bei der Erwärmung schmilzt es nicht, sondern sublimiert. Bei Zimmertemperatur verdampft CO_2 direkt zu Gas (Abbildung 4). Durch den Kühleffekt wird die umgebende Luftfeuchtigkeit zu einem Nebel kondensiert, was für eine gespenstige Stimmung bei Bühnenshows sorgt. Genau der gleiche Effekt wird zur schonenden Trocknung feuchter Stoffe zum Beispiel in der Lebensmitteltechnologie verwendet.

Bei einem Druck von 5.2 bar und einer Temperatur von -56.6°C liegt CO_2 in allen drei Phasen fest, flüssig und gasförmig vor. Unter einem Druck über 73.8 bar und einer Temperatur über 31°C geht das Gas in einen überkritischen Zustand über (Abbildung 4). Die Eigenschaften von CO_2 im überkritischen Zustand liegen zwischen denen von Gas und Flüssigkeit. Es behält die Dichte einer Flüssigkeit, hat aber die Viskosität eines Gases. Diese Eigenschaft wird bei der Förderung von Erdöl in geringdurchlässigen Reservoirgesteinen genutzt. Mit dem Einpumpen von CO_2, kann das Erdöl effizient ausgewaschen werden (Abbildung 5).

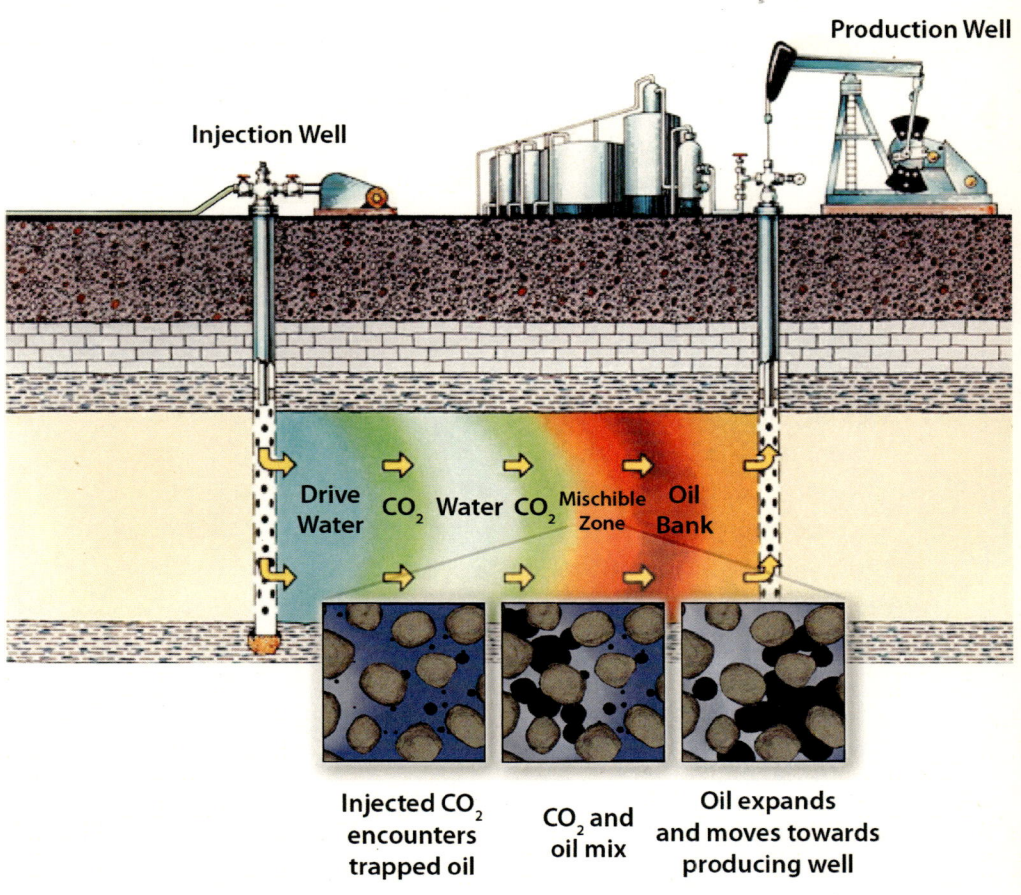

Abb. 5: Auswaschen von Erdöl mit CO_2 (Quelle: NETL[3])

Auf den Umgang mit CO_2 im Untergrund wird im Kapitel 11.2 näher eingegangen.

Wegen seiner Ungiftigkeit findet CO_2 verschiedenste technische Anwendungen, vor allem auch in der Lebensmitteltechnologie. Bereits genannt wurde die Verwendung in Getränken, wo es wegen seines erfrischenden Prickeleffekts beliebt ist. Wichtig ist es bei der Lagerung von Obst und Gemüse. Der Faulungsprozess ist eine Oxidation des Fruchtfleisches. Mit der Verdrängung des Sauerstoffs durch das schwerere Kohlendioxid wird die Oxidation verhindert. CO_2 findet in leicht erhöhter Konzentration auch als sogenannte Schutzatmosphäre in luftdichten Verpackungen von Lebensmitteln Verwendung.

Als sauerstoffverdrängendes unbrennbares Gas kommt CO_2 als Löschmittel in Handfeuerlöschern und in automatischen Löschanlagen zum Einsatz.

Für Kühlprozesse wird angestrebt, Kohlendioxid mehr als Ersatz der ozonschädlichen Fluorchlorkohlenwasserstoffe (FCKW) zu gebrauchen. Zur Verflüssigung müssen zwar höhere Drücke und entsprechend mehr Energie aufgewendet werden als für gängige Kühlmedien. Dafür ist CO_2 nicht umweltbelastend und nur ein schwaches Treibhausgas (siehe Kapitel 5 und 6). Gleichermassen kann CO_2 auch als Arbeitsfluid in Prozesswärmepumpen verwendet werden.

Auch in der Forschung und Entwicklung stimulierter geothermischer Systeme findet CO_2 Interesse als Wärmeträger. Bei der bisherigen Gewinnung von Wärme aus heissem Gestein wurde ausschliesslich Wasser als Wärmeträgermedium verwendet. Dank seiner geringen Viskosität im überkritischen Zustand durchfliesst CO_2 heisses Gestein mit geringeren Druckverlusten als Wasser und beim Aufsteigen des heissen CO_2 in der Förderbohrung sublimiert es zu Gas, was einen Unterdruck erzeugt und die Förderung antreibt[4]. Bisher kam die Methode noch nicht zum technischen Einsatz, doch in der Geothermieforschung wird ihr ein grosses Potential zugesprochen.

4 | Kohlenstoff – Grundbaustein des Lebens

Kohlenstoff ist das Fundament der biologischen Entwicklung und Grundlage allen Lebens. Kohlenstoff und Sauerstoff sind im Kosmos nach dem Wasserstoff und dem Helium die häufigsten Elemente. Das organische Leben auf der Erde basiert auf vier der fünf häufigsten Elemente des Kosmos.

Ordnungszahl	Element	Symbol	Häufigkeit relativ zu Si (1E6)
1	Wasserstoff	H	31'800 000'000
2	Helium	He	2'210 000'000
8	Sauerstoff	O	21'500 000
6	Kohlenstoff	C	11'800 000
7	Stickstoff	N	3'740 000
10	Neon	Ne	3'440 000
12	Magnesium	Mg	1'161 000
14	Silicium	Si	1'000 000
16	Schwefel	S	500 000
18	Argon	Ar	117 200
13	Aluminium	Al	85'000
20	Calcium	Ca	72'100
11	Natrium	Na	60'000
15	Phosphor	P	9'600

Tabelle 1: Die häufigsten Elemente des Sonnensystems. Braun hinterlegt: Hauptelemente der Organismen

Kohlenstoff ist in der Erdkruste das 15-häufigste Element. Er ist gebunden in einer Vielzahl von Mineralien. In reiner amorpher Form liegt Kohlenstoff als Graphit vor und in reiner kristalliner Form als Diamant, dem härtesten Mineral. Am häufigsten findet man Kohlenstoff in Form anorganischen Karbonatgesteins, also in Kalk und Dolomit. Auf der Erde ist der grösste Teil des Kohlenstoffs in der irdischen Gesteinshülle, der Lithosphäre, gespeichert. In der Biosphäre, der Geosphäre und der Atmosphäre befindet sich nur etwa ein Tausendstel des Gesamt-Kohlenstoffs.

Über die Zusammensetzung der Uratmosphäre der jungen Erde lässt sich nur spekulieren. Aus den Bändererzen (Banded Iron Formations) in präkambrischen Zeiten der Erdgeschichte ist davon auszugehen, dass damals kein freier Sauerstoff verfügbar war. Die Gesteine enthalten reduziertes Eisen, welches bei der Anwesenheit von Sauerstoff oxidiert wäre. Bevor sich erstes Leben formte, bestand die Atmosphäre zum überwiegenden Teil aus Stickstoff, Kohlendioxid und Wasserdampf.

Das Alter der Erde wird mit 4.5 Milliarden Jahren angenommen. CO_2 ist weitestgehend magmatischen Ursprungs und reicherte sich durch Entgasungen aus Vulkanen an. Auch heute stossen Vulkane jährlich noch grosse Mengen von CO_2 aus. Sie werden zwar auf rund hundert Mal geringer als die gegenwärtigen anthropogenen Emissionen geschätzt, aber auf die Milliarden Jahre der Erdgeschichte gerechnet sind das gigantische Mengen. Die Bilanzierung der vulkanischen Gase ist schwierig. 90 % der aktiven Vulkane befinden sich in der Tiefsee und entziehen sich der Beobachtung. Dieser Umstand wird in den Klimamodellen übrigens nicht beachtet. Doch dazu später.

Bis vor rund 2.5 Milliarden Jahren gab es in der Atmosphäre noch keinen freien Sauerstoff. Sauerstoff war bis dahin in Mineralien, im Wassermolekül H_2O und dem freien Gas CO_2 gebunden (Abbildung 6). Erste Anzeichen biologischer Aktivität auf der Erde sind ab 3.5 Milliarden Jahren erkennbar.

Wie und wann sich die chemische Evolution, also die erste Bildung sich selbst reproduzierender Organismen aus bisher unbelebter Materie, begonnen hat, ist bis heute nicht gesichert. Sicher zu sein scheint, dass sich nur eine einzige Form von Leben durchgesetzt hat, nämlich eine

Form, die auf den Nukleinsäuren (RNA und DNA) aufbaut. Die wichtigsten Biomoleküle bauen sich ausschliesslich auf häufig vorkommenden Elementen auf. Kohlenstoff ist das essenzielle Element der Biosphäre, es ist in sämtlichen Lebewesen – nach dem in Wasser gebundenen Sauerstoff das bedeutendste Element. Alles lebende Gewebe ist aus Kohlenstoffverbindungen aufgebaut. Aufgrund seiner besonderen Elektronenkonfiguration besitzt Kohlenstoff die Fähigkeit zur Bildung komplexer Moleküle und weist von allen chemischen Elementen die grösste Vielfalt an chemischen Verbindungen auf. Nicht von ungefähr bezeichnet «organische Chemie» das Teilgebiet der Chemie, das sich mit den chemischen Verbindungen des Kohlenstoffs befasst.

Die ersten Organismen entstanden mit grösster Wahrscheinlichkeit im Wasser. Leben wie wir es kennen benötigt Wasser als universelles Lösungsmittel. Möglicherweise könnte Leben auch unabhängig von Wasser entstehen, ist auf der Erde aber bisher nicht beobachtet worden. Die Frage, ob Leben ohne Wasser möglich ist, wird bei der Suche nach extraterrestrischem Leben relevant.

Eine einschneidende Änderung in der Zusammensetzung der Atmosphäre erfolgte mit den ersten Organismen, den Cyanobakterien, welche mit Hilfe der oxygenen (sauerstoffproduzierenden) Photosynthese Kohlenstoff aus gelöstem CO_2 reduzieren konnten. Cyanobakterien gehören zu den ältesten Organismen auf der Erde. Sie kommen auch heute noch in Ozeanen, Gewässern und selbst in heissen Quellen vor.

Dieser evolutionäre Schritt hat die Atmosphäre nachhaltig verändert und den Grundstein für alle Sauerstoff-atmenden Lebewesen gelegt. Bis zu jenem Zeitpunkt irgendwo vor 2.3 bis 2.4 Millionen Jahren gab es kaum freien Sauerstoff. Aus Sicht der damaligen anaeroben Organismen bedeutete dies eine Katastrophe. In der Fachliteratur wird dieser Abschnitt der Erdgeschichte auch als «Grosse Sauerstoffkatastrophe», auch «Sauerstoffkrise» (englisch great oxygenation event GOE) bezeichnet. Sauerstoff ist für anaerobe Lebewesen ein Gift. Einige Arten haben aber bis heute in sauerstofffreien Umgebungen, zum Beispiel in der Nähe von Heisswasserkaminen in der Tiefsee oder Hydrothermalquellen, überlebt. Als Methan produzierende Organismen kommen sie in Sümpfen, Rindermägen und Reisfeldern sowie in Faulbehältern von Abwasserreinigungsanlagen vor. Allerdings haben sich anaerobe Organismen nicht mehr im gleichen Stil wie die «moderne» Flora und Fauna weiterentwickelt.

Die Akkumulation von freiem Sauerstoff in der Atmosphäre beschreibt die Grenze vom Erdzeitalter des Archaikums zum Erdzeitalter des Proterozoikums, der «Frühzeit des Lebens».

Mit der Weiterentwicklung der sauerstoffproduzierenden Photosynthese in Pflanzen und Grünalgen stieg der Sauerstoffgehalt in der Atmosphäre zügig an bei gleichzeitiger Abnahme der CO_2-Konzentration (Abbildung 6).

Die heutige Zusammensetzung der Atmosphäre, bestehend zu 78% aus Stickstoff, zu 21% aus Sauerstoff, zu 1% aus Argon und weiteren Spurengasen, darunter CO_2 mit einer Konzentration von 0.04% ist ein Produkt biologischen Lebens auf der Erde. Kein anderer Planet unseres Sonnensystems enthält eine solch reaktive Atmosphäre und das wäre ohne organisches Leben nicht zu erklären.

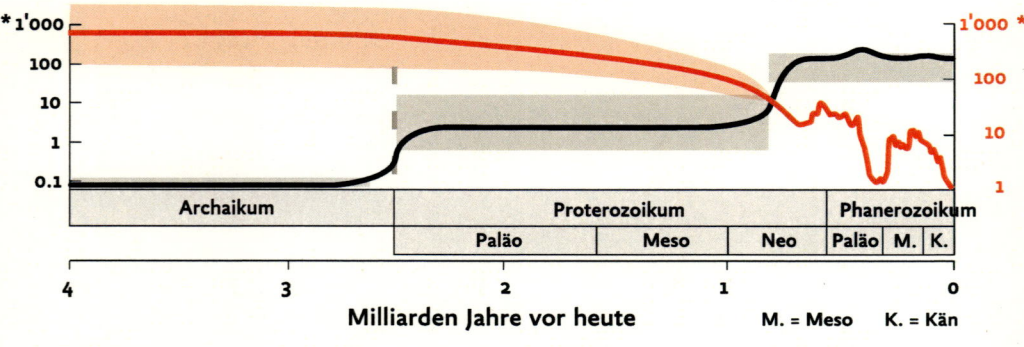

Abb. 6: *Wandel der Atmosphäre im Laufe der Erdgeschichte*[5]

Mit der Photosynthese wird nicht nur Sauerstoff produziert. Pflanzen gewinnen mit diesem Prozess auch den Kohlenstoff zum Zellaufbau. Das Bild vom mächtigen und solid verwurzelten Baum, der seine Kraft aus dem Boden holt, vermittelt einen falschen Eindruck. Jedes Molekül seines Zellaufbaus sind komplexe Kohlenstoffverbindungen. Kohlenstoff, der aus der Luft geholt wird und nicht aus dem Boden. Aus dem Boden entzieht der Baum das benötigte Wasser und Nährstoffe wie Nitrat, Phosphat und Kalium, doch nicht den Kohlenstoff.

Trockenes Holz besteht zu 50 % aus Kohlenstoff, 43 % Sauerstoff, 6 % Wasserstoff, 1 % Stickstoff und den weiteren Spurenelementen. Bei einer lebenden Pflanze ist der Anteil an Wasser, also Sauerstoff und Wasserstoff, höher und der Kohlenstoffanteil entsprechend etwas geringer.

Eine Pflanze baut sich also zur Hälfte aus einem Element auf, das es sich in geringsten Konzentrationen aus der Luft beschafft. Die Photosynthese ist der alleinige Grund, weshalb die CO_2-Konzentration der Atmosphäre mit heute 400 ppm also 0.04 %, so gering ist. Dass sich die Konzentration innert wenigen Jahrzehnten um 40 % erhöht hat, wird im Kapitel zum menschlichen Beitrag an CO_2 beleuchtet.

Es ist naheliegend anzunehmen, dass eine höhere Konzentration von CO_2 das Pflanzenwachstum anregt. Das trifft in der Tat zu, falls die anderen lebenswichtigen Elemente auch vorhanden sind. CO_2-Anreicherung wird in Gewächshäusern zur Anregung des Wachstums systematisch angewendet. Wissenschaftlich untersucht wurden die Wachstumseffekte in Gewächshäusern bei erhöhter CO_2-Konzentration 1994 von E. Nederhoff[6]. Es zeigte sich, dass Treibhausfrüchte und -Gemüse bei einer Konzentration bis 900 ppm am besten gedeihen. Das entspricht mehr als einer Verdoppelung der heutigen Konzentration in der Atmosphäre. Bei noch höheren Konzentrationen treten Schädigungen in den Blattstrukturen auf. Auch das erscheint plausibel. Pflanzen verfügen über eine gewisse Toleranzgrenze und können kurzfristige Veränderungen in der Nährstoffversorgung schadlos überstehen, aber nicht eine permanente übermässige Veränderung. Das ist direkt vergleichbar mit der Temperaturtoleranz von Pflanzen. Einheimische Pflanzen überstehen kalte Winter und heisse Sommer schadlos, solange sie gesund sind. Unter dem Stress einer aussergewöhnlichen und dauerhaften Umweltveränderung treten aber Schäden auf. Klassische Beispiele dazu sind anhaltende Dürren, aber auch anhaltende Nässe, die zu Krankheiten und Absterben führen.

Der Frage, wie sich die Klimaerwärmung und die erhöhte CO_2-Konzentration auf die globale Flora auswirkt, ist ein Forscherteam der Chinese Academy of Sciences in Bejing nachgegangen. In einem viel beachteten Artikel in Nature[7] beschreiben Zhu und seine internationale Forschergruppe die Resultate von Satellitendaten, welche die Blattgrünflächen, den leaf area index (LAI) auf der Erde vermessen (Abbildung 7). Dazu verwendeten sie drei unterschiedliche Satellitendatensätze mit Aufzeichnungen über einen Zeitraum von 1982 bis 2009. Das Team konnte über diesen Zeitraum eine Zunahme der Grünflächen (greening) von fünfundzwanzig bis fünfzig Prozent nachweisen. Im Gegensatz dazu habe nur über vier Prozent der Flächen eine Abnahme (browning) stattgefunden. Mehrere Modellrechnungen ergaben, dass die Düngerwirkung zu siebzig Prozent auf die erhöhte CO_2-Konzentration zurückzuführen ist. Andere Faktoren des Greenings sind auf die landwirtschaftliche Düngung, auf die Klimaerwärmung und auf veränderte landwirtschaftliche Nutzung zurückzuführen. Als Besonderheit wird die tibetische Hochebene aufgeführt, deren zunehmende Begrünung hauptsächlich mit der Klimaerwärmung erklärt wird. Bemerkenswert an der Studie ist, dass klar zwischen zwei positiven Wachstumsfaktoren unterschieden wird, einer CO_2-Düngung und einem Wärmeeffekt.

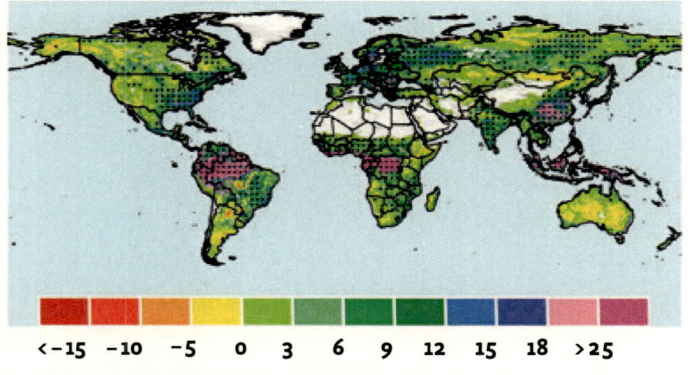

Abb. 7: Begrünungsindex aus Zhu et al. (2016): Klimaerwärmung ist die Hauptursache für die Begrünung in den nördlichen Breiten, CO_2-Anreicherung ist die Hauptursache für die Begrünung in den tropischen Gebieten.

In zukünftigen Klimamodellen werden solche Erkenntnisse dringend Eingang finden müssen. Es zeigt beispielhaft auf, dass die heutigen Klimamodelle nach wie vor sehr krude und von einer Abbildung natürlicher Kreisläufe und Regelmechanismen noch immer weit weg entfernt sind. Das ist keine Abwertung bestehender Modelle. Sie beruhen auf dem aktuellsten Stand des Wissens und sind entsprechend wertvoll. Bei neuen Erkenntnissen wie bei jenen von Zhu und seinen Forschern zeigt sich nur, wie dumm die Behauptung «The science is settled» ist.

Kohlenstoff und Kohlendioxid haben einen ganz direkten Bezug auf alles Lebendige auf diesem Planeten. Eine Verschiebung der fein austarierten dynamischen Gleichgewichte im hochkomplexen Kohlenstoffkreislauf sind tatsächlich bemerkenswerte Phänomene, die man auf jeden Fall versuchen muss zu verstehen. Organische Prozesse streben wie chemische Prozesse laufend nach einem dynamischen Gleichgewicht und nicht nach einem Ungleichgewicht.

Sämtliche Lebewesen, Archaeen, Bakterien, Pilze, Pflanzen, Tiere bauen auf Kohlenstoffverbindungen auf. Im Gegensatz zu Pflanzen und Pilzen benötigen Tiere zur Energie- und Stoffgewinnung noch andere Lebewesen. Sie können Energie nicht wie Pflanzen aus dem Sonnenlicht beziehen. Sie benötigen Sauerstoff zur Atmung. Tiere decken ihren Energiebedarf durch Oxidation und produzieren somit Kohlendioxid. Die ganze Tierwelt, dazu gehört natürlich auch der Mensch, ist zwingend auf die Existenz von Pflanzen angewiesen. Angewiesen also auf die Existenz von Organismen, deren essentielle Lebensquelle das Kohlendioxid aus der Luft ist. Bei einer solch - wortwörtlich - lebenswichtigen Eigenschaft kann man CO_2 beim besten Willen nicht als Schadstoff bezeichnen.

Wenn dem so tatsächlich so wäre, müsste man auch H_2O als Schadstoff bezeichnen. Wasser ist eine unheimlich gefährliche Substanz. Ist sie im Überfluss vorhanden, kann man darin ertrinken. Man kann sich daran tödlich verbrennen, man kann darin erfrieren, fällt man hinein und hat keine Möglichkeit zu entkommen, stirbt man. Gemäss WHO ist Ertrinken mit jährlich 370 000 Todesfällen die dritthäufigste Todesfolge von Unfällen. Trotzdem käme es niemandem in den Sinn, Wasser als Schadstoff zu bezeichnen. Abgesehen davon, dass Wasser das eigentlich massgebende Treibhausgas ist, welches unser Weltklima über dem Gefrierpunkt hält. Doch dazu später im Kapitel zu den Treibhausgasen.

5 | CO$_2$ im Kohlenstoffkreislauf

In den Berichten des IPCC ist der Kohlenstoffkreislauf «carbon cycle» so definiert: «Der Begriff beschreibt den Fluss von Kohlenstoff (in unterschiedlicher Form, z. B. als Kohlendioxid) durch die Atmosphäre, die Ozeane, die landgebundene und marine Biosphäre und das Erdreich.»

Im angelsächsischen Sprachraum wir der Begriff «Carbon» höchst unsorgfältig und oft widersprüchlich verwendet. Carbon steht für Kohlenstoff, das Element C, wird aber in den meisten Medien als Synonym für Kohlendioxid, CO$_2$, missbraucht. Daraus entstehen dann Sprachschöpfungen wie «Carbon crisis» die mehr Verwirrung als Aufklärung stiften[8].

Kohlenstoff dominiert die Zusammensetzung aller lebenden Materie. Kohlenstoff kann keine Krise hervorrufen. Wenn schon von Krise die Rede sein sollte, dann beim Verständnis, wie die Medien damit umgehen oder eben im Zusammenhang mit dem rapiden Anstieg der CO$_2$-Konzentration der Atmosphäre in den letzten paar Jahrzehnten.

Gemeint ist natürlich immer CO$_2$ als Treibhausgas. Wenn man sich in die wissenschaftliche und eben auch in die weniger wissenschaftliche Literatur vertieft, muss man feststellen, dass sogar oft alle Treibhausgase (siehe Kapitel 6 Treibhausgase und CO$_2$) in den «Carbon»-Topf geworfen werden. Gase wie Methan oder die Fluorkohlenwasserstoffe sind ebenfalls Kohlenstoffverbindungen, wenn auch in anderen Verhältnissen, anderen Konzentrationen und anderen Absorptionsspektren. In den vielfältigen Publikationen zum Klimawandel ist es meist unklar, wie Kohlenstoffanteile dort bilanziert werden. Beziehen sich die Massangaben von Treibhausgasen auf die totale Menge Kohlenstoff, unabhängig in welcher Verbindung, oder handelt es sich um CO$_2$-Äquivalente in der Wirkung der Treibhausgase?

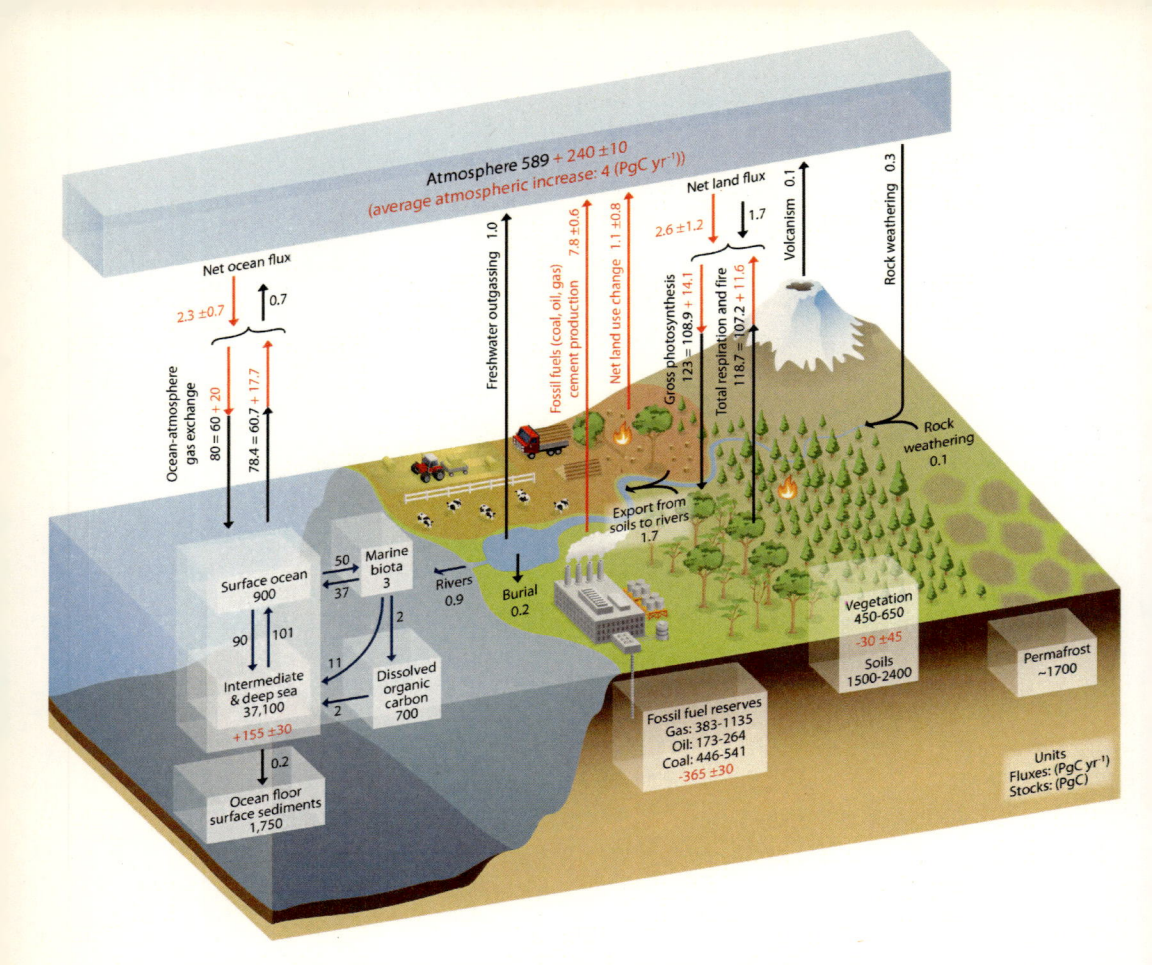

Abb. 8: Schematische Darstellung des Kohlenstoffkreislaufs. Angaben in Petagramm (resp. Milliarden Tonnen) Kohlenstoff. Schwarze Pfeile und Zahlen: natürlicher Kreislauf vorindustrieller Zeit. Rot: anthropogener Anteil gemittelt 2000-2009. Quelle IPCC[10]

Klarheit besteht zumindest bei einer zentralen Graphik im IPCC Bericht Climate Change 2013; The Physical Basis[9] (Abbildung 8). Die in der Literatur verwendeten Grössen von Kohlenstoff sind meist angegeben in Gigatonnen (GtC), in Milliarden Tonnen oder äquivalenter Grösse in Petagramm (PgC), in Billiarden Gramm (1 PgC = 1 GtC). Das ist korrekt für die Grössenangabe für den gespeicherten Kohlenstoff in den Systemen. Der Austausch zwischen den Systemen, also den Stoffflüssen, beziehen sich die Werte auf den Kohlenstoff im CO_2. Multipliziert mit dem Faktor 3.67 erhält man die Massenangabe für CO_2.

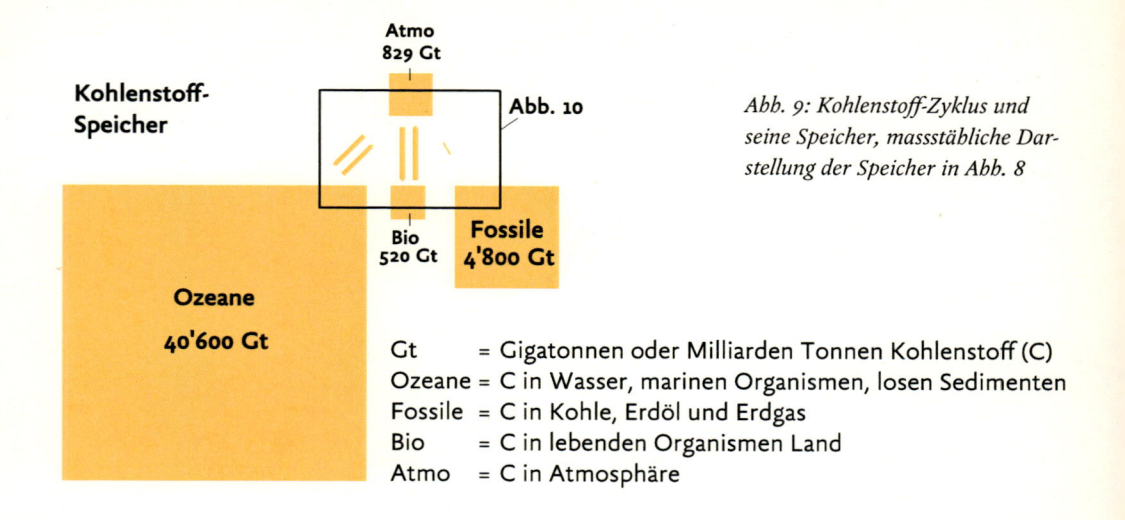

Kohlenstoff-Speicher

Atmo 829 Gt

Abb. 10

Bio 520 Gt

Fossile 4'800 Gt

Ozeane 40'600 Gt

Abb. 9: Kohlenstoff-Zyklus und seine Speicher, massstäbliche Darstellung der Speicher in Abb. 8

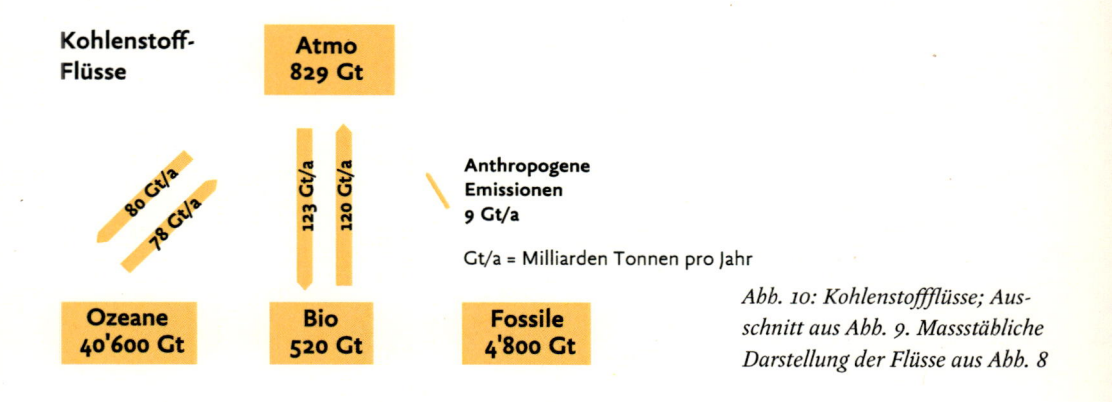

Gt = Gigatonnen oder Milliarden Tonnen Kohlenstoff (C)
Ozeane = C in Wasser, marinen Organismen, losen Sedimenten
Fossile = C in Kohle, Erdöl und Erdgas
Bio = C in lebenden Organismen Land
Atmo = C in Atmosphäre

Kohlenstoff-Flüsse

Atmo 829 Gt

80 Gt/a
78 Gt/a
123 Gt/a
120 Gt/a

Anthropogene Emissionen 9 Gt/a

Gt/a = Milliarden Tonnen pro Jahr

Ozeane 40'600 Gt

Bio 520 Gt

Fossile 4'800 Gt

Abb. 10: Kohlenstoffflüsse; Ausschnitt aus Abb. 9. Massstäbliche Darstellung der Flüsse aus Abb. 8

Die Graphik ist sehr illustrativ, reduziert jedoch die komplexen Wechselwirkungen zwischen der Atmosphäre, der Hydrosphäre, der Geosphäre und der Biosphäre auf einfache Flüsse von einem Reservoir in ein anderes. Damit lassen sich die Dynamik und eine Bilanz zwischen den Systemen darstellen. Hingegen sind die Grössenordnungen der Speicher und der Flüsse auf diese Weise nicht gut zu erkennen. In Abbildung 9 ist der gleiche Kreislauf dargestellt, nur sind hier die Mengen von Kohlenstoff in den unterschiedlichen Systemen in vergleichbaren Flächen dargestellt. In den Abbildungen 9 und 10 sind die jährlichen Kohlenstoffflüsse ebenfalls massstäblich dargestellt.

Aus dieser Bilanz ist zu erkennen, dass der Eintrag von Kohlenstoff in die Ozeane um zwei Gigatonnen pro Jahr höher eingeschätzt wird als der Austrag. Dasselbe beim Austausch mit der Biosphäre. Hier wird angenommen, dass die Biosphäre jährlich 3 Gigatonnen Kohlenstoff mehr aufnehme als emittiere. In wieweit dies mit einer zunehmenden Begrünung des Planeten korrekt bleibt, ist nachzuprüfen. Die anthropogenen Emissionen liegen heute in der Grössenordnung von 10 Gt/a.

Gemäss Le Queré[11] stammen rund 10 % der anthropogenen Treibhausgase aus Land- und Forstwirtschaft und 90 % aus fossiler Energie und Zementherstellung. Davon bleiben knapp 50 % in der Atmosphäre, rund ein Viertel wird von der Bio- und Geosphäre aufgenommen und rund ein Viertel von den Ozeanen (Abbildung 11).

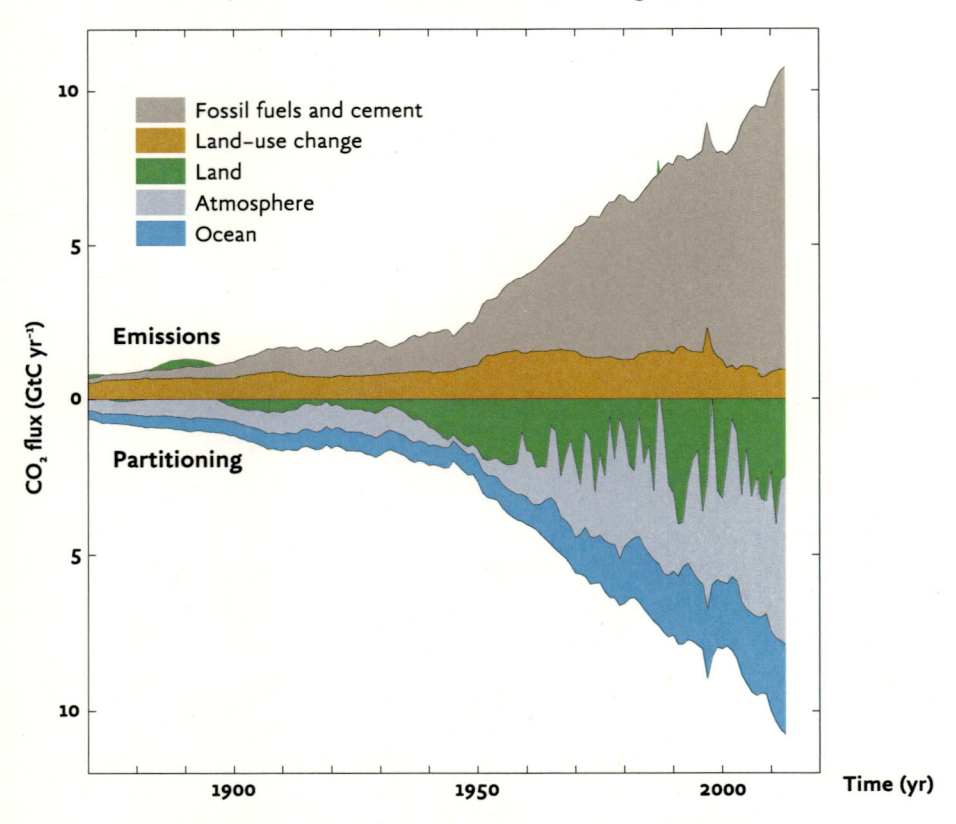

Abb. 11: Kohlenstoffquellen und -senken 1880-2013 nach Le Queré et al.

Unter der Annahme, dass die anthropogenen Emissionen bis 2100 gleich wie heute bleiben, ergibt das ab 2015 gerechnet einen zusätzlichen kumulierten Eintrag von 10.8 PgC pro Jahr während 85 Jahren. Die so emittierten 918 PgC entsprechen einem Mehrfachen der bekannten Fossilressourcen. Unter Beibehaltung derselben Verhältnisse (ca. 50%) von Aufnahme in Atmosphäre, Land und Ozeane würde sich der Kohlenstoffanteil in der Atmosphäre von 829 PgC auf 1288 PgC erhöhen und sich die CO_2-Konzentration von 405 auf 630 ppm erhöhen. Diese sehr einfache Betrachtung schliesst eine Sättigung der Ozeane und eine Aufnahmegrenze der Bio- und Geosphäre aus. In den drei letzten Jahren stiegen die Emissionen deutlich langsamer an. Es ist kaum zu erwarten, dass sie wieder substantiell mehr ansteigen werden, auch wenn der globale Energiebedarf weiterhin zunimmt. Die überschlagsmässige Berechnung zum Anstieg der CO_2-Konzentration ist jedoch wichtig in der Diskussion der «Repräsentativen Konzentrationspfade» (RCP) welche die Grundszenarien der Klimamodelle darstellen. (siehe Kap. 8.4).

Systemgrenze Atmosphäre – Hydrosphäre
Wechselwirkungen bestehen in einem offenen System wie der Atmosphäre an unzähligen Grenzen. Die offensichtlichste Grenze ist diejenige zwischen Luft und Wasser. Schaut man nur die sichtbare Grenze an, sind das die Ozeanoberflächen, welche 71 Prozent der Erdoberfläche bilden. Diese Grenzfläche ist jedoch bedeutungslos, da die Lösung von CO_2 in Wasser beim Wasserdampf in der Luft stattfindet und das Gas mit den Niederschlägen eingetragen wird. Entscheidend sind die Prozesse, die dort stattfinden. Physikalische Vorgänge wie Verdunstung und Niederschläge kann man summarisch zwar abschätzen, aber rechnerisch nie so nachvollziehen, dass man sämtliche steuernden Einflüsse erfassen könnte. Unbelasteter Regen hat deshalb einen pH von 5.6 ist also sauer. Das hat nichts mit saurem Regen zu tun. Als solchen bezeichnet man Regen mit einem pH von 4.2–4.8. Die Ursache dafür sind Schwefeloxide aus der Verbrennung schwefelhaltiger Brennstoffe, in erster Linie Kohle.

Systemgrenze Atmosphäre – Geosphäre

Sauberes Regenwasser oder Schnee verwittern das Kalkgestein und lösen karbonatische Anteile aus allen Gesteinen. Dabei wird das Wasser neutralisiert. Flusswasser hat einen pH Wert um 7. Die erosive Wirkung von Flüssen ist nur noch mechanischer und nicht mehr chemischer Art. Ausregnen ist neben der Photosynthese der wichtigste Prozess von CO_2-Austrag aus der Atmosphäre. Saurer Regen verstärkt die Erosionswirkung und trägt lokal signifikant zur Versauerung der Meere und der Korallenbleiche bei.

Systemgrenze Atmosphäre – Biosphäre

Eine noch viel komplexere Wechselwirkung besteht zwischen der Atmosphäre und der Biosphäre. Mit einer Erhöhung der CO_2-Konzentration in der Luft steht für die Photosynthese auch mehr Kohlenstoff zur Verfügung. In einer ersten Näherung kommt das einer Düngung gleich und regt das Pflanzenwachstum an (siehe Kap. 3)

Systemgrenze Atmosphäre – Kryosphäre

Der Vollständigkeit halber sei hier auch die Kryosphäre, die Eiswelt, erwähnt. An der Veränderung der Eismengen in der Arktis, der Antarktis und in Gletschern ist der Klimawandel am deutlichsten erkennbar. Auch wenn Eis nur Wasser in fester Form ist, ist die Wechselwirkung mit der Atmosphäre und der Einfluss auf das Klima ein ganz anderer als bei flüssigem Wasser oder Wasserdampf, der Gasphase. Die Bedingungen, die zu Phasenübergängen führen, sind alle hinlänglich bekannt und können in mathematischen Gleichungen genau beschrieben werden. Doch in der Wechselwirkung mit lokal extrem variablen Randbedingungen werden selbst die vollständigsten Rechenmodelle nie die ganze Dynamik aller physikalischen Prozesse nachvollziehen können. Die Lufttemperatur in der Arktis ist sicher nur einer von vielen Parametern der die saisonale Eisbedeckung bestimmt. Entscheidend sind Niederschläge, Winde, Meeresströmungen, Wassertemperaturen, Salzgehalt und vieles mehr. Die Komplexität dieses Wechselspiel kann mit den raffiniertesten Klimamodellen nicht reproduziert werden.

5.1 Wichtigkeit der Bilanzierung

Eine saubere Bilanzierung der Quellen und Senken der Treibhausgase ist für Klimamodelle von zentraler Bedeutung. Die zunehmende CO_2-Konzentration in der Atmosphäre kann man anhand der photometrischen Analyse in verschiedenen Orten der Welt genau nachweisen, wobei die CO_2-Messreihe auf dem Mauna Loa in Hawaii als Referenz dient, Dazu gibt es heute noch viel eindrücklichere Darstellungen mit Satellitendaten des NASA-Satelliten OCO_2. (Abbildung 12)

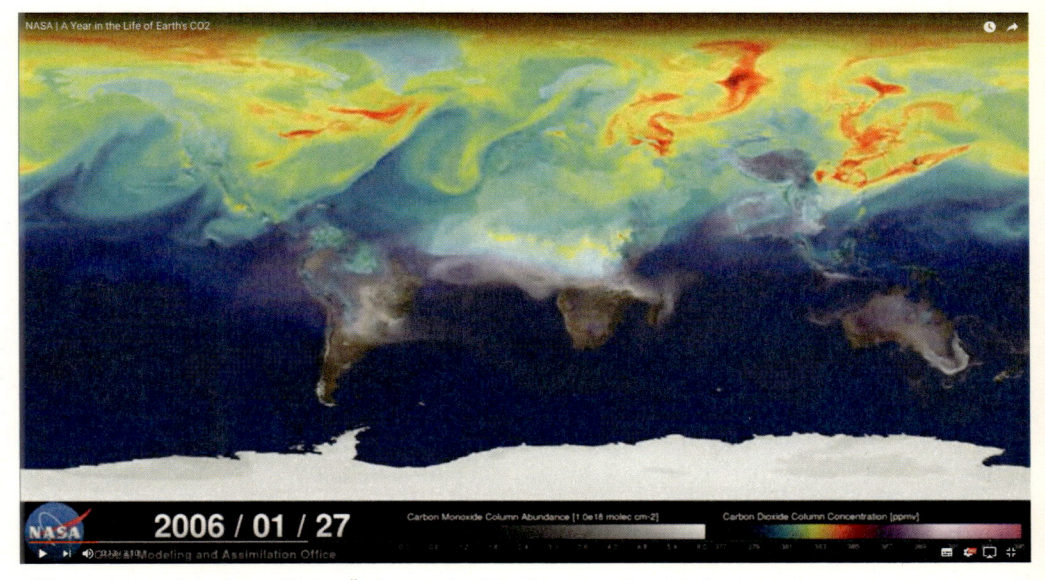

Abb. 12: Saisonale und langfristige Änderung der CO_2-Konzentration sichtbar gemacht mit OCO_2 Satellitendaten. Ausschnitt aus einer Animation zur Dynamik von CO_2 in der Atmosphäre. Quelle: https://www.nasa.gov/mission_pages/oco2

Die Animation der Satellitendaten zeigt eine hochdynamische Atmosphäre, in welcher sich CO_2-Emissionen aus natürlichen und menschlichen Quellen verteilen. Die Konzentrationen variieren stark über ein ganzes Jahr und zeigen das eigentliche Atmen der Vegetation. Über das ganze Jahr andauernde Emissionsquellen sind über Südostasien, dem östlichen Nordamerika und in geringerer Grösse über Europa erkennbar.

Dabei handelt es sich ziemlich sicher um menschenverursachte Quellen. Eher natürlichen Ursprungs sind Emissionsfahnen in den tropischen Regionen Südamerikas und Afrikas. Am auffallendsten ist die Konzentration auf die nördliche Halbkugel. CO_2-Emissionen überqueren den Äquator kaum. Die natürlichen Gründe sind die Corioliskraft, welche das Wettergeschehen auf die beiden Erdhalbkugeln separiert. Die Südhalbkugel weist eine wesentlich geringere Landmasse und geringere Industrietätigkeit auf. Auch mit den grossen Vegetationszentren des Amazonasbeckens und Afrikas im Tropengürtel ist die Vegetationsfläche auf der nördlichen Halbkugel wesentlich grösser als diejenige der Südhalbkugel. Ins Gewicht fallen im Norden die unermesslichen Wald- und Tundragebiete Kanadas und Sibiriens. Im Gegensatz zu den tropischen Gebieten zeichnen sich die nördlichen Vegetationszonen durch eine starke saisonale Emission und Absorption von CO_2-aus. Es kommt dazu, dass 90 % der Weltbevölkerung auf der Nordhalbkugel leben und dort ihre Emissionen produzieren. Die anthropogenen Emissionen betreffen deshalb vornehmlich die Nordhalbkugel. Wenn von einem globalen Klimawandel die Rede ist, dann setzt dieser den Austausch von Wärme über die grossen globalen Meeresströme voraus.

    Es ist wichtig, die Dynamik und die damit verbundenen Wechselwirkungen in ihrer vollen Komplexität und ihren Grössenordnungen zu begreifen. Die OCO_2-Satellitendaten sind dafür von unschätzbarem Wert. Es ist jedem Klimapolitiker dringend zu empfehlen, sich diese Animationen selbst anzuschauen, um sich dann Rechenschaft zu geben, ob mit dem Schrauben an den CO_2-Emissionen diese Dynamik wesentlich anders aussehen würde.

    Das IPCC geht von einem jährlichen anthropogenen CO_2-Eintrag in die Atmosphäre von rund 9 Gigatonnen aus. Das wären nach Angaben des IPCC rund 5 % des Kohlenstoffkreislaufs. Dabei akkumuliert sich ungefähr die Hälfte in der Atmosphäre und beeinflusst die CO_2-Konzentration, die andere Hälfte wird von den Ozeanen und der Vegetation absorbiert. Soweit die Zahlen. Wie verlässlich die Zahlen sind, wird gleich anschliessend diskutiert. Entscheidend ist festzuhalten, dass die Störung eines Systems mit einem zusätzlichen Eintrag von 5 % wohl zu einer Verschiebung des Gleichgewichts, aber nicht zu einem Entgleisen oder gar zu einem Zusammenbruch des Systems führt. Es ist schon beinahe müssig, über Zukunfts-, insbesondere Horrorszenarien zu spekulieren, wenn man weder die Bilanzen im Griff hat noch die unzähligen Pufferungs- und Rückkoppelungsmechanismen vollständig kennt.

5.2 Bilanzierung der anthropogenen Quellen

Am einfachsten ist die Messung der anthropogenen Quellen. Man darf davon ausgehen, dass sich der Fehlerbereich bei den Verbrennungsgasen unter 10 % bewegt. Dasselbe dürfte auf die Abschätzung der CO_2-Emissionen von der Zementherstellung zutreffen. Die Abschätzung von Methanlecks bei der Kohle-, Öl- und Gasförderung ist bereits mit deutlich geringerer Präzision zu ermitteln. Die Mengen sind zwar bedeutend geringer, doch ist Methan ein klimawirksameres Gas und sollte möglichst genau erfasst werden. Treibhausgas-emissionen aus Forst- und Landwirtschaft lassen sich unter anderem aus Satellitendaten errechnen. Offen bleibt die Frage was an deren Stelle passieren würde, wenn der Mensch darauf keinen Einfluss hätte. Erwähnt seien hier die Methanemissionen aus dem Reisanbau. Wenn dort nichts angebaut würde, würden wilde Getreidesorten dann keine klimastörenden Methanemissionen haben? Dasselbe gilt für die rund eine Milliarde Rinder, deren Mägen Unmengen von Methan emittieren. Würden ohne Zuchtvieh dort vergleichbare Büffelherden grasen, die dann klimaneutral verdauen?

5.3 Bilanzierung der natürlichen Quellen und Senken

95 % der CO_2-Emissionen haben einen natürlichen Ursprung. Knapp 5 % sind anthropogener Herkunft. Als problematisch erachtet wird nicht nur der jährliche Eintrag, sondern die Beobachtung, dass rund die Hälfte des anthropogenen Eintrags nicht wieder aus der Atmosphäre «ausgewaschen» wird, sondern sich um jährlich rund 4.5 Gigatonnen akkumu-

lieren soll. Dass sich der CO_2-Anteil um diesen Betrag erhöht ist ein Fakt. Das ist messbar. Aber ob die beschriebene Bilanz stimmt und ob diese Zunahme wirklich nur auf die menschengemachten Emissionen zurückzuführen ist, ist damit nicht gesichert. Gewiss ist nur, dass die Abschätzung der natürlichen Quellen und der natürlichen Senken einen Fehlerbereich haben, der in der Grössenordnung der anthropogenen Emissionen liegt. Gewiss ist auch, dass die Atmosphäre keinesfalls ein statisches CO_2-Endlager ist. Es ist deshalb völlig verfehlt, hier von einer settled science, einer begriffenen Wissenschaft, zu sprechen.

Erinnert sei hier an die Aussage des neuen Leiters der amerikanischen Umweltschutzbehörde EPA, Scott Pruitt. In einem Fernsehinterview des US-Sender CNBC hat er in Zweifel gezogen, dass menschliche Aktivität die Hauptursache des Klimawandels sei.

Während Tageszeitungen wie der Guardian die grobe Kelle schwangen und ihn gleich in die Klimaleugner-Ecke stellten, begnügten sich die Schweizer Medien, inklusive SRF, NZZ und Blick, Pruitt als Klimaskeptiker zu bezeichnen. Der Tagesanzeiger gab mit der Bezeichnung «Marionette der Erdölindustrie» noch einen obendrauf. Die Medien scheinen es verlernt zu haben, selbst zu recherchieren und genau hinzuhören, was der Chefbeamte in einem Interview wirklich gesagt hat. Dazu der Wortlaut:

«I think that measuring with precision human activity on the climate is something very challenging to do and there's tremendous disagreement about the degree of impact, so no, I would not agree that it's a primary contributor to the global warming that we see. But we don't know that yet. We need to continue the debate and continue the review and the analysis.»

«Ich denke, dass eine präzise Messung des Einflusses menschlicher Aktivitäten auf das Klima eine grosse Herausforderung ist und es gibt enorme Meinungsverschiedenheiten über den Grad der Auswirkungen. Und deshalb bin ich nicht einverstanden, dass dies der primäre Einfluss auf den beobachteten Klimawandel sei. Aber wir wissen das noch nicht. Wir müssen die Debatte und die Überprüfung weiterführen und die Analyse fortführen.»

Zunächst ist festzuhalten, dass Pruitt den Klimawandel nicht in Frage stellt. Damit ist einmal der Klimaleugner vom Tisch. Zweitens stellt er den menschlichen Einfluss auf das Klima auch nicht in Frage, sondern nur dessen Beitrag. Das ist genau der Punkt, an welcher eine nicht genau definierte Wissenschaftlergemeinschaft den viel beschworenen Konsens postuliert, aber weder herleiten noch quantifizieren kann. Dem gegenüber äussert sich Pruitt in wissenschaftlich korrekter Manier, dass man dies herausfinden soll. Das hat tatsächlich mit Skepsis zu tun, aber eben nicht in seiner abwertenden Bedeutung. Sondern mit einer Skepsis, wie sie so manchem Wissenschaftler gut stehen würde. Auf jeden Fall ist das besser, als vermeintliche Mehrheitsmeinungen unreflektiert nachzuplappern.

5.4 Verweilzeit in der Atmosphäre

Mit grosser Unsicherheit behaftet ist die Dauer der Verweilzeit eines Gases in der Atmosphäre. CO_2 ist reaktionsträge. Ein CO_2-Molekül kann zwischen dem Ausatmen eines Rindes und der Aufnahme durch ein Blatt nur wenige Sekunden in der Atmosphäre verweilen, während das CO_2-Molekül aus einem submarinen Black Smoker zunächst für Jahrzehnte im Meerwasser gelöst bleibt und dann für Tausende von Jahren in der Atmosphäre herumwabert. Der Begriff «Verweildauer» ist oft verwirrend. Die mittlere Verweildauer berechnet sich aus dem Quotienten eines Speichervolumens geteilt durch die zu- und abgeführte Menge eines Stoffs über eine bestimmte Zeit. Nimmt man den Fluss anthropogenen Kohlendioxids aus Abbildung 10, resultiert daraus eine mittlere Verweilzeit von knapp hundert Jahren. Die Aussage des IPCC in der Zusammenfassung für politische Entscheidungsträger, dass «abhängig vom Szenario ca. 15 bis 40 % des emittierten CO_2 länger als 1000 Jahre in der Atmosphäre verbleiben»[12] ist aus Sicht der Klimaauswirkung bedeutungslos. Die mittlere Verweildauer ist ein Wert, der für die Modellierung abstrakter Flüsse gebraucht wird und stellt so etwas wie eine Geschwindigkeitsangabe für den Umsatz dar. Im Gegensatz dazu ist Methan ein reaktives Gas. Entweder wird es unter einem Bombardement ultravioletter Strahlung in der Atmosphäre zersetzt und geht Bindungen mit Hydroxyl-

Radikalen ein oder es wird bereits in sauerstoffarmen Böden von methanzehrenden Organismen absorbiert. Die Grössenordnungen solcher Prozesse sind nur beschränkt einschätzbar. Zu gross sind die Wissenslücken, wie das Beispiel vor der Küste Spitzbergens, wo in einem Gebiet natürlich aufquellenden Methans mehr CO_2 absorbiert wurde als anderswo und so die Wirkung der beiden Treibhausgase neutralisierte (siehe Kap. 7.1)

Ein weiteres Beispiel ist der Austausch von CO_2 zwischen der Atmosphäre und den Ozeanen. Dieser wird auf eine einfache Grösse von 80 Gt C pro Jahr Eintrag in die Ozeane und 78 Gt C pro Jahr Austrag in die Atmosphäre ausgedrückt (Abb.en 8, 9 und 10). Die Mechanismen, die zu diesem Austausch führen, werden nicht diskutiert.

Wolkenbildung ist ein komplexer Prozess und abhängig von mindestens drei dynamischen Grössen: Druckveränderung, Temperaturveränderung und Änderung der Wasserdampfkonzentration. Eine wichtige Rolle spielen Aerosole als Kondensationskeime. Nirgends ist die Grenzfläche zwischen Wasser und Luft so gross wie in Wolken. Schon bei der ersten Tröpfchenbildung wird das CO_2 im chemischen Gleichgewicht im Wasser gelöst. Das erklärt, weshalb Regen, auch aus unbelasteter Luft, einen pH von 5.8 hat. Wenn jeder Tropfen mit der CO_2-Konzentration in der Luft im Gleichgewicht steht, würde nach einer überschlagsmässigen Berechnung der globalen Niederschlagsmengen trotzdem nur 15 Gt C pro Jahr «ausgewaschen». Das ist immer noch ein Faktor 4 weniger als in den IPCC-Bilanzen. Diese massive Diskrepanz zwischen Austausch via Niederschlag und dem bilanzierten Kohlenstofffluss bedarf weiterer komplexer Verdunstungs-Kondensationsmechanismen, die selbst mit potentesten Supercomputern mit numerischen Modellen nicht simuliert werden können. Zwischen natürlichen Prozessen und numerischen Klimamodellen liegen Welten.

6 | Treibhausgase und CO$_2$

Im Klimabericht des IPCC[13] wird die Beeinflussung des Klimas durch unterschiedliche Treibhausgase untersucht. Gewertet wird deren Einfluss nach dem Prinzip des «radiative forcing», der Veränderung des Strahlungsantriebs. Der Strahlungsantrieb wird als Mass für die Veränderung der Energiebilanz der Erde durch externe Faktoren definiert und in Watt/m2 gemessen. Der Begriff wurde vom IPCC für die Klimamodellierung eingeführt.

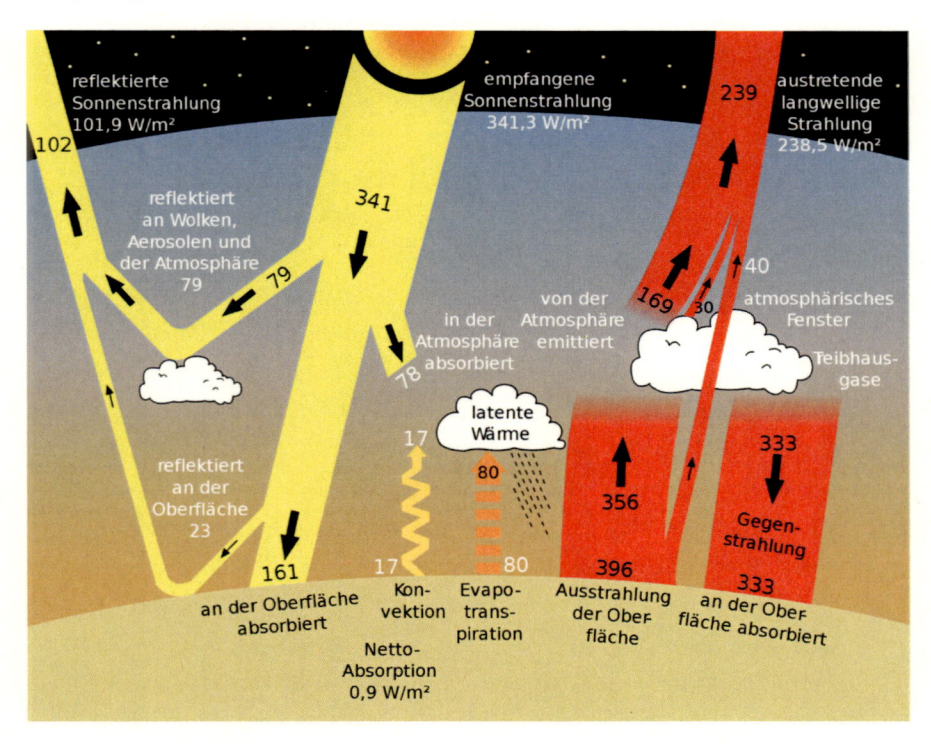

Abb. 13: Strahlungsbilanz der Erde, nach Kiehl und Trenberth, Quelle: https://upload.wikimedia.org/wikipedia/commons/d/d2/Sun_climate_system_alternative_%28German%29_2008.svg

Zugrunde liegt das Prinzip des Treibhauseffekts. Der Effekt wurde 1824 von Joseph Fourier entdeckt und 1896 von Svante Arrhenius quantitativ genauer beschrieben. Der Effekt entsteht dadurch, dass die Atmosphäre für die kurzwellige Strahlung von der Sonne transparent ist, jedoch für die langwellige Infrarotstrahlung von der erwärmten Erdoberfläche weniger transparent ist und die Atmosphäre soweit aufheizt. Im thermischen Gleichgewicht wird die absorbierte Energie der Atmosphäre je zur Hälfte in Richtung Erde und Weltall abgestrahlt. Eine entsprechende Energiebilanz wurde erstmals 1997 von Kiel und Trenberth[14] publiziert. Abbildung 13 fasst diese Bilanz graphisch zusammen. Erhöhen sich nun die Konzentrationen der Treibhausgase, führt das nicht zu einer beliebigen Aufwärmung, sondern nur so weit, bis mit der Rückstrahlung auf die Erde und Abstrahlung ins Weltall ein neues Gleichgewicht eintritt. In der Graphik wird nicht auf die individuelle Wirkung von Wasserdampf und anderen Treibhausgasen wie CO_2 und Methan eingegangen.

Das klimadominierende Treibhausgas, der Wasserdampf, der für rund zwei Drittel des Treibhauseffektes verantwortlich ist, wird in den Klimamodellen nicht berücksichtigt.

Stefan Rahmstorf von der Universität Potsdam, Professor für Physik der Ozeane erklärt das Fehlen des Wasserdampfs in den Modellierungen folgendermassen: *«Es taucht in der Diskussion nur deshalb nicht auf, weil der Mensch seine Konzentration nicht beeinflussen kann. Selbst wenn wir künftig vorwiegend Wasserstoff als Energieträger einsetzen würden, wären die Einflüsse der Wasserdampfemissionen auf das Klima minimal. Unvorstellbar grosse Mengen an Wasserdampf verdunsten von den Ozeanen, bewegen sich in der Atmosphäre, kondensieren und fallen als Niederschläge wieder zu Boden. Innerhalb von zehn Tagen wird die gesamte Menge an Wasserdampf in der Atmosphäre ausgetauscht. Die Konzentration schwankt deshalb sehr stark von Ort zu Ort und von Stunde zu Stunde – ganz im Gegensatz zu den oben diskutierten langlebigen Treibhausgasen, die sich während ihrer Lebensdauer um den ganzen Erdball verteilen und daher überall fast die gleiche Konzentration haben».*[15]

Rahmstorf widerspricht sich in einer Antwort für das Umwelt-Bundesamt gleich selbst, wo er genau auf die Frage eingeht, ob nicht Wasserdampf das wichtigste Treibhausgas sei[16]: *«Dennoch spielt Wasserdampf auch bei der vom Menschen verursachten Erwärmung des Klimas eine Rolle, und zwar, weil der Wasserdampfgehalt der Atmosphäre stark von der Temperatur bestimmt wird. Steigt die Temperatur, nimmt auch der atmosphärische Wasserdampfgehalt zu und der Treibhauseffekt wird verstärkt. Damit wirkt Wasserdampf als Verstärker der globalen Erwärmung (und wirkte umgekehrt – bei der letzten Eiszeit – als Verstärker der damaligen Abkühlung). Dieser Effekt ist eine wichtige Rückkopplung im Klimasystem. Eine eingetretene Erwärmung oder Abkühlung wird durch die beschriebene positive Rückkopplung zusätzlich verstärkt.»*

Wie er diese Aussage machen kann, obwohl Wasserdampf in den Klimamodellen nicht berücksichtigt wird, ist kaum nachvollziehbar. Im Gegensatz zu CO_2 und Methan kann H_2O unter natürlichen Bedingungen drei Phasenübergänge durchlaufen, in fester Form als Eis, als flüssiges Wasser und als gasförmiger Wasserdampf. Das ist der wirkliche Grund, weshalb Wasser in den Klimamodellen nicht berücksichtigt wird. Die Rückkoppelungseffekte eines derart vielfältigen Stoffes lassen keine eineindeutigen Modellrechnungen zu, wie Rahmstorf in seiner Aussage zu den schnell wechselnden Konditionen der Wasserdampfkonzentration bestätigt.

7 | Rolle der Treibhausgase im Klimageschehen

Die Faktoren, welche das Klima beeinflussen, sind vielfältig. Das heutige Erdklima ist zu einem grossen Teil den Treibhausgasen in der Erdatmosphäre zu verdanken. Ohne diese wäre es sehr kalt und eine Natur wie wir sie kennen undenkbar. Das wichtigste Klimagas bleibt der Wasserdampf. In den gängigen Rechenmodellen wird er wie bereits erwähnt weitgehend ausgeklammert, da er als temperaturabhängige Konstante angesehen wird. Bei höheren Temperaturen kann in der Luft mehr Wasserdampf gespeichert werden und entsprechend mehr Wärme. In dem Sinne wird dem Wasserdampf bei einer Klimaerwärmung ein positives Feedback zugesprochen. Das sollte in den Klimamodellen berücksichtigt sein. Die Gewichtung dieser positiven Rückkoppelung ist allerdings nicht zweifelsfrei. Das ist die grosse Unbekannte, und der zentrale Streitpunkt, um welchen sich die ganze Klimadiskussion dreht. Die Behauptung, dass hier ein Konsens bestehe, trifft nicht zu.

Die grösste Unsicherheit in der Wirkung besteht bei Wolken. Sie sind das Produkt einer unvollständigen Kondensation von Wasserdampf, respektive einer unvollständigen Verdampfung von Wasser. Wolken vermindern zum einen die Einstrahlung des Sonnenlichts. Dadurch wird auch die Rückstrahlung vom Erdkörper reduziert. Die verbleibende Rückstrahlung wird von den Wolken wiederum absorbiert. Andererseits reflektieren Wolken das Sonnenlicht auch direkt. Dieses Wechselspiel und die daraus resultierende Strahlungsbilanz kann mit numerischen Modellen nur ungenügend simuliert werden. Noch schwieriger modellierbar sind die hochdynamischen Prozesse der Wolkenbildung selbst. Wie bereits erwähnt spielen Aerosole als Kondensationskeime eine wichtige Rolle.

Feste natürliche Aerosole in der Erdatmosphäre sind zum Beispiel windverfrachteter Wüstenstaub, Meersalz, vulkanische Asche oder Asche aus Waldbränden. Aerosole organischen Ursprungs sind Pollen, Sporen, Bakterien und Viren. Und dann nicht zu vergessen die anthropogenen Verbrennungsprodukte wie Rauch, Aschen und Stäube aus Heizungen, Land- und Forstwirtschaft, Bergbau, industrieller Produktion, Hochseeschifffahrt und Kohlekraftwerken. Der noch ungenügend verstandene Einfluss von Aerosolen in der Klimafrage ist auch Gegenstand des seit Jahren andauernden CLOUD-Forschungsprojekts am CERN. Ursprünglich stand die Untersuchung der Bildung von Kondensationskeimen durch ionisierende Strahlung aus dem Weltraum im Vordergrund. Bis heute konnten dazu aber keine Schlüsse gezogen werden, ausser dass dies einen signifikanten Einfluss auf die Wolkenbildung hat. Unterdessen hat sich aber gezeigt, dass sich die aufgebauten Versuchsanordnungen auch zur Untersuchung von Aerosolen als Kondensationskeime eignen. Ein besseres Verständnis dieser Prozesse wird einen wichtigen Einfluss auf die gängigen Klimamodelle haben.

In diesem komplexen Reigen spielen die Treibhausgase eine regulierende Wirkung auf das Temperaturniveau. Wenn es sich bei der Atmosphäre um ein geschlossenes System handeln würde, also ein System, das an seinen Grenzen durch nichts beeinflusst wird, liesse sich der Wärmehaushalt ziemlich einfach und genau berechnen. Die Grössen der Sonnenstrahlung, Einstrahlflächen, Druck und Zusammensetzung der Atmosphäre sind alle bekannt. Bei einer Veränderung der Zusammensetzung der Treibhausgase könnte der Einfluss auf den Wärmehaushalt nachgerechnet werden. Dabei ergeben sich aber bereits Komplikationen in einer solch stark vereinfachten Modellvorstellung:

Die Absorptionsspektren von Wasserdampf, CO_2 und Methan überlappen sich in grossen Teilen. Sehr einfach ausgedrückt: Wenn die Infrarot-Rückstrahlung schon von einem Treibhausgasmolekül absorbiert wurde, gibt es für die dahinterliegenden Treibhausgasmoleküle keine weitere Strahlung mehr zu absorbieren. Das trifft natürlich auch für Moleküle gleicher Art zu. Eine Verdoppelung der CO_2-Konzentration in der Atmosphäre hat deshalb nur noch einen beschränkten Einfluss, der sich mit einer natürlichen logarithmischen Funktion beschreiben lässt. Die Klimasensitivität nimmt mit zunehmender CO_2-Konzentration ab. Dieser Umstand ist unter Klimawissenschaftlern unbestritten, wird von Klimawissenschaftlern mit einer politischen Agenda aber konsequent unterschlagen. Die Treibhausgaswirkung von CO_2 ist mit der heutigen Konzentration bereits nahezu ausgeschöpft. Die Zunahme von 300 ppm auf 400 ppm in den letzten hundert Jahren hatte noch eine grössere Wirkung auf den Treibhausgaseffekt, als eine zukünftige Erhöhung um weitere 200 ppm auf 600 ppm haben wird.[17,18]

Die abnehmende Beeinflussung der Klimaerwärmung bei höheren Treibhauskonzentrationen ist kein Argument, auf die Reduktion menschenverursachter Treibhausgase zu verzichten. Es ist aber ein Argument, das gegen die oft vorgebrachten «Run away» Effekte spricht, die beim Überschreiten einer gewissen Temperaturschwelle auftreten und unkontrollierbare Veränderungen zur Folge haben sollen.

Solche Befürchtungen darf man als unwahrscheinlich bewerten. Dafür gibt es nur Modellspekulationen, keine stichhaltigen Belege. Selbst der bekannteste Klimawarner James Hansen räumt ein, dass auch bei einer vollständigen Verbrennung sämtlicher noch im Boden befindlichen Kohlenwasserstoffe keine «run-away»-Effekte zu erwarten sind, selbst nicht bei einem für Menschen unakzeptabel heissen Klima[19]. Die treten nämlich erst bei der ziemlich unrealistischen Annahme auf, dass die CO_2-Emissionen um acht bis sechzehn Mal höher sein müssten als heute. Zudem scheint Hansen davon auszugehen, dass sich der Treibhauseffekt mit zunehmenden Konzentrationen linear verstärkt, was nachweislich eine falsche Annahme ist.

Jede Veränderung hat das Potential, einen weiteren unvorhersehbaren Prozess auszulösen. Da nicht nur das Klima, sondern auch das ganze System Erde laufenden Veränderungen unterworfen ist, werden Weltuntergangsszenarien nie ganz auszurotten sein. Singuläre Ereignisse haben in der Erdgeschichte immer wieder stattgefunden. Erdbeben, Vulkanausbrüche und Meteoriteneinschläge prägen die Erdgeschichte. Und ein solches Ereignis könnte auch gleich im nächsten Moment eintreten, während Sie diesen Satz lesen. Oder eben auch nicht. Diese Unsicherheit, dieses nicht wissen können, verdient eine nähere Betrachtung.

Alle organischen Prozesse und alle natürlichen anorganischen chemischen Reaktionen in der Natur befinden sich nicht in einem statischen, sondern in einem dynamischen Gleichgewicht. Dynamische Gleichgewichte zeichnen sich dadurch aus, dass sich zwei entgegengesetzte Kräfte in ihrer Wirkung aufheben. Befindet sich eine chemische Reaktion im Gleichgewicht, dann reagieren z.B. die Moleküle A und B miteinander und bilden die Moleküle C und D (Hinreaktion). In umgekehrter Richtung (Rückreaktion) reagieren die Moleküle C und D und bilden die Moleküle A und B. Ein solches System befindet sich dann im dynamischen Gleichgewicht, wenn die Häufigkeit der Reaktionen in beiden Richtungen gleich gross ist. In natürlichen System finden chemische Reaktionen jedoch nicht isoliert, sondern immer eingebettet und verknüpft mit anderen Prozessen statt. Je komplexer die Verknüpfungen und Zusammenhänge, desto stabiler laufen sie ab. Dabei kann es über längere Prozessketten zu positiven Rückkoppelungseffekten kommen, zu einer in sich geschlossenen Prozesskette, die sich laufend verstärkt. Im Gegensatz dazu führen Folgereaktionen mit dämpfender Wirkung (Pufferreaktionen) nicht zu Rückkoppelungseffekten. Positive Rückkoppelungen sind in komplexen Systemen aber immer nochmals in übergeordnete Strukturen eingebettet und erzeugen an ihren Grenzen wiederum Gegenreaktionen. Im Weiteren verlaufen positive wie negative Rückkoppelungsprozesse in unterschiedlicher Geschwindigkeit ab. Natürliche Systeme unterliegen deshalb einer nicht linearen Dynamik, sind also chaotische Systeme. Sich wiederholdende gleiche Prozesse haben durch kleinste Veränderung der Rahmenbedingungen nicht das gleiche Resultat. Dadurch werden Entwicklungen unvorhersagbar. Auch ein Run away-Effekte kann sich der Nichtlinearität natürlicher Prozesse nicht entziehen. Selbst eine Kettenreaktion kommt zu einem Punkt, an welchem sie nicht weiterläuft. Je komplexer ein System ist, desto stabiler verhält es sich. Auch chaotische Systeme haben ihre Grenzen. Als Beispiel mag der Rauch einer Zigarette im Aschenbecher dienen. Es ist unmöglich, den Pfad eines Russpartikels im aufsteigenden Rauch voraus zu berechnen. Der Pfad verläuft chaotisch. Aber solange keine äussere fremde Kraft - zum Beispiel ein kurzer Windstoss - darauf einwirkt, wird das Rauchpartikel in einem beschränkten nach oben geöffneten Konus aufsteigen. Ein Windstoss wird die Rauchsäule durcheinanderwirbeln, doch danach wird sich die gleiche Rauchsäule wieder einstellen. Die Erde hat in ihrer langen Geschichte schon etliche externe Stösse erhalten. Man denke an den Meteoriteneinschlag vor rund 66 Millionen Jahren, der das Aussterben vieler Tierarten, insbesondere der Saurier, zur Folge hatte. Das System Erde hat sich aber danach immer wieder erholt und eingependelt, nach neuesten Klimamodellen zum Meteoreinschlag vor 66 Millionen Jahren sogar innerhalb von wenigen Jahren[20]. Chaos hat in diesem Sinne eine stabilisierende Wirkung und macht Weltuntergänge aus dem Nichts nicht unmöglich, aber ziemlich unwahrscheinlich. Ohne den menschlichen Einfluss durch Emissionen zu verniedlichen, handelt es sich aus einer Gesamtsicht des Systems Erde immer noch um eine «überschaubare» Unregelmässigkeit.

Klima beschreibt gemäss dem Weltklimarat IPCC ein langjährig gemitteltes Temperatur- und Niederschlagsverhalten an einem bestimmten Ort. Das unterliegt saisonalen wetterabhängigen Variationen. Ein stabiles Klima lässt sich nicht definieren, zu sehr hängt das vom Zeitbereich ab, über welchen die Statistik erhoben wird. Bereits die Definition des Klimas über eine bestimmte Landfläche bereitet Mühe. Meereshöhe, Topographie, Vegetation, Wasserführung und Bebauung bestimmen kleinräumige klimatische Variationen. Die Klimamodelle des Weltklimarates nehmen keine Rücksicht auf lokale Gegebenheiten. Sie beziehen sich auf ein globales Klimasystem.

Im letzten IPPC-Bericht «Climate Change 2013; The Physical Science Basis[21] der Workgroup I unter Leitung von Prof. Thomas Stocker wird auf globale Veränderung der Temperatur der Atmosphäre, der Ozeane, der Kryosphäre (eisbedeckte Gebiete) und Landflächen eingegangen. Der Bericht fokussiert sich auf Veränderungen in der Zusammensetzung der Atmosphäre, mit welcher die Einstrahlung der Sonne und die Rückstrahlung in den Weltraum kontrolliert wird.

Auf die dominierende Energiequelle, welche die Klimadynamik überhaupt in Gang setzt, die Sonne, wird kaum eingegangen. Die Variabilität der Solareinstrahlung wird explizit als vernachlässigbar gering gewertet. Dies steht in grobem Kontrast zu Beobachtungen der Einstrahlkraft der Sonne, welche sich zum Beispiel mit der Anzahl von Sonnenflecken gut messbar verändert, wie auf der Graphik von Greg Kopp[22], University of Colorado (Abbildung 14) ersichtlich ist.

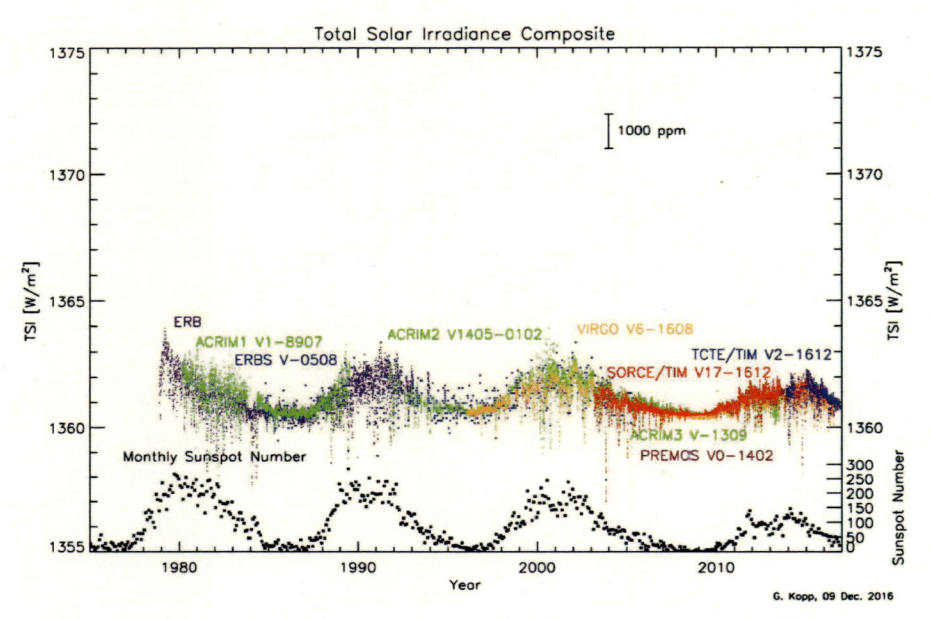

Abb. 14: Sonnenflecken-Aktivität und Einstrahlkraft der Sonne. Quelle: Greg Kopp 2016

Auf eine weitere Energiequelle, die Abstrahlung der geothermischen Wärme wird ebenfalls nicht eingegangen. Die gemittelte geothermische Abstrahlung ist mit 30 mW/m2 tatsächlich sehr klein, doch sporadisch auftretende verheerende Vulkanausbrüche transportieren nicht in erster Linie thermische Energie in die Atmosphäre, sondern substantielle Gas- und Feinstoffmengen, welche die solare Einstrahlung stark beeinflussen können. Überhaupt nicht berücksichtigt werden vom IPCC untermeerische Vulkaneruptionen. Rund 90 % aller Vulkane befinden sich entlang der untermeerischen divergierenden kontinentalen Plattengrenzen. Deren Emissionen sind weitgehend unbekannt.

Das IPCC wurde von den Vereinten Nationen ins Leben gerufen, um die menschengemachten Auswirkungen auf das Klima zu ergründen. Es ist vom Auftrag her verständlich, dass sich das IPCC auf menschengemachte Emissionen fokussiert und deren Einfluss zu quantifizieren versucht. Es ist jedoch unzulässig, in diesen Betrachtungen, die zyklische Variabilität der Solarstrahlung auszublenden, weil der Mittelwert der Sonnenstrahlung über den Betrachtungszeitraum von 261 Jahren (1750-2010) praktisch unverändert sei. Abbildung 14 zeigt, dass sich die Strahlungskraft der Sonne in einem 11-Jahreszyklus um rund 4 W/m2 ändert, während sich der Strahlungsantrieb (radiative forcing) durch die Zunahme sämtlicher Treibhausgase in der Atmosphäre seit 1750 um 2.29 W/m2 erhöht haben soll. In Abbildung 15 wird der Einfluss der unterschiedlichen Treibhausgase dargestellt:

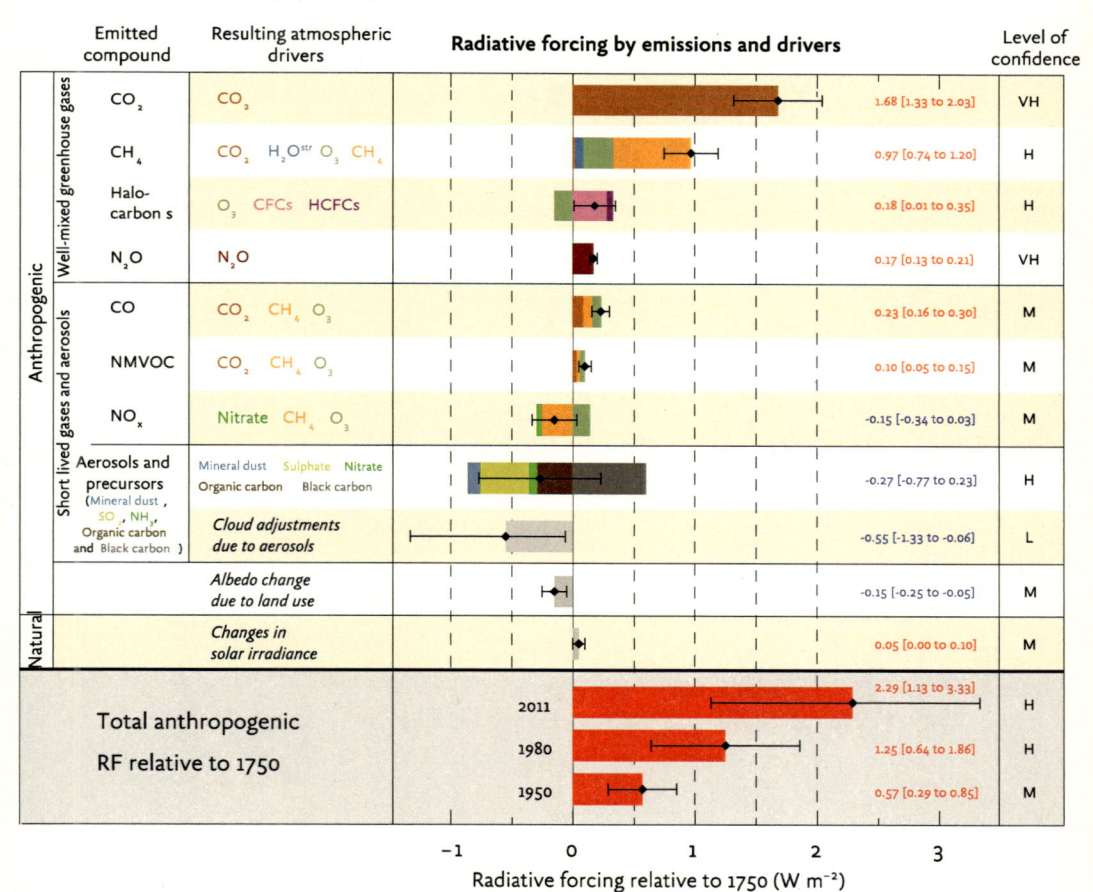

Abb. 15: Veränderung des Strahlungsantriebs durch Treibhausgase (aus [1])

Als Ikone des menschengemachten Klimawandels muss immer wieder der auf einer Eisscholle treibende Eisbär herhalten. Tatsächlich hat in der Arktis über die letzten Jahre eine ausserordentlich starke Erwärmung stattgefunden. Da gibt es nichts zu verharmlosen. Abkühlung in Gebieten vergleichbarer Grösse wie zum Beispiel Sibirien bleiben gleichzeitig jedoch unkommentiert.

Es ist zu kurz gegriffen, eine Erwärmung der östlichen Arktis den menschenverursachten CO_2-Emissionen zuzuschreiben. Das würde der Komplexität des Themas nicht gerecht.

Anlässlich der effektiv auffälligen Erwärmung der Arktis hat im Februar 2017 in Washington im Rahmen des amerikanischen «Climate Variability and Predictability Programm» CLIVAR ein Workshop von Klimawissenschaftlern stattgefunden, wo abseits von Politik nach Ursachen des Phänomens gesucht wurde. Dieses Programm wird finanziert von der NASA und NOAA, der amerikanischen Wetter- und Ozeanographiebehörde, sowie direkt vom Department of Energy. Teilgenommen haben über 100 Naturwissenschaftler unterschiedlicher Disziplinen aus zwölf Nationen[23].

Die Vielzahl der Mechanismen, welche dazu geführt haben könnten, ist beeindruckend. Im Vordergrund stand die Beobachtung der schwindenden Eis- und Schneebedeckung im arktischen Teil des Nordatlantiks. Periodische Veränderung von Strömungsmustern im Nordatlantik, Variabilität im Salzgehalt ozeanischer Strömungen, welche zu vertikalen Umwälzungen führen, veränderte Windverhältnisse aufgrund anders gelagerter stationärer Drucksysteme etc. sind nur eine kleine Auswahl von Faktoren, welche die Vereisung des arktischen Meeres beeinflussen können. Faktoren, welche dazu führen, sind vielfältig, aber es ist mit Sicherheit zu kurz gegriffen, dies alles mit erhöhten CO_2-Konzentrationen erklären zu können. Mit Sicherheit lassen sich solche Phänomene auch mit den drastischsten Reduktionsmassnahmen nicht verhindern.

7.1 Wirksamkeit anderer Treibhausgase

Die Wirksamkeit aller bekannten Treibhausgase hat eigene Charakteristiken. Die Einschätzung ihrer Stärke hängt nicht nur von ihrer Fähigkeit, Infrarotstrahlung zu absorbieren ab, sondern auch von Reaktivität. Das heisst, wie lange sie in der Atmosphäre bleiben, bis sie durch Strahlung oder Oxidation zersetzt werden. Eine Übersicht gibt Tabelle 2. Wasserdampf als wichtigstes Treibhausgas ist nicht aufgeführt.

Treibhausgas		Quelle, Verwendung	Verbleib in Atmosphäre		
			Jahre	GWP_{20}*	GWP_{100}*
Kohlendioxid	CO_2	aus Verbrennungsprozessen, Zementproduktion, Respiration		1	1
Methan	CH_4	Reisanbau, Viehzucht, Kläranlagen, Mülldeponien, Kohlebergbau, Erdöl- und Erdgasproduktion, Methanhydrate	12	84	28
Distickstoffoxid (Lachgas)	N_2O	Stickstoffdünger, Verbrennung von Biomasse	121	264	265
1,1,1,2-Tetrafluorethan	HCF-134a	Kältemittel in Kühlanlagen	13	3'710	1'300
Fluorchlorkohlenwasserstoff	CFC-11	Treibgase in Sprühdosen, Kältemittel, Narkosemittel. Seit 1995 in den meisten Ländern verboten	45	6'900	4'660
Tetrafluormethan	CF_4	Aluminiumerzeugung, Kältemittel	50'000	4'880	6'630

Tabelle 2: Globales Erwärmungspotential von Treibhausgasen (ohne Wasserdampf) GWP_{20}, GWP_{100}: Globales Erwärmungspotential bei einer Betrachtung über 20 Jahre resp. über 100 Jahre

Noch komplexer wird die oft noch gar nicht erkannte Wechselwirkung zwischen Treibhausgasen. Das folgende Beispiel, beschrieben in Pohlmann et al.[24], ist kennzeichnend: Pohlmann hat mit einem Team von Wissenschaftlern des Woodshole Instituts in Massachusetts und Geomar in Kiel ein bisher unbekanntes Phänomen beobachtet. Er beschäftigte sich mit der These, dass durch die Erwärmung des arktischen Ozeans grosse Mengen von Methan frei werden könnten. Bekanntlich befinden sich in Gebieten der Weltmeere sehr grosse Mengen von Methan als Methanhydrate in den halbverfestigten Sedimenten. Deren Vorkommen sind enorm gross und werden als potentieller Energierohstoff betrachtet (siehe Kap. 12.6 Zukünftiger Energiemix). Schätzungen gehen davon aus, dass in den Ozeanen mindestens 12'000 Milliarden Tonnen Methanhydrat gebunden ist. Das entspricht der doppelten Menge an Kohlenstoff sämtlicher Kohle-, Erdöl-, und Erdgasvorkommen zusammen. Beschrieben wird eine natürliche Entgasungsstelle von Methan an der Westküste von Spitzbergen im Arktischen Ozean. Die kontinuierliche Entgasung wird assoziiert mit Methanhydraten am Meeresboden. Die verblüffende Beobachtung war, dass über der Entgasungsstelle die Aufnahme von CO_2 rund das Doppelte betrug als anderswo an der Meeresoberfläche. In den Aufwallungen wird auch nährstoffreiches Wasser zur Oberfläche transportiert und das Wachstum CO_2-zehrender Organismen gefördert. Das Team kommt zum Schluss, dass Zonen von Methanentgasungen entgegen bisherigen Annahmen keine Quelle, sondern eine Netto-Senke für Treibhausgase sind. Die bisher als klimaschädlich angesehenen Methanentgasungen haben dort also genau den gegenteiligen Effekt. Die Bedeutung dieser Beobachtung ist nicht zu unterschätzen. Über die Verbreitung und Häufigkeit natürlicher Entgasungsstellen vom Methan existieren nämlich keine zuverlässigen Schätzungen.

Dieses Beispiel zeigt erstens, dass es in der Natur noch endlos viele Dinge zu entdecken gibt. Zweitens zeigt es, dass auch bisherige Meinungen immer wieder neu in Frage gestellt werden dürfen. Selbstverständlich unterliegen auch neue Erkenntnisse weiterer kritischer Hinterfragung. So funktioniert Wissenschaft. Aber sicher nicht auf demokratischem Konsens.

7.2 Das menschliche CO_2-Signal

Die menschengemachten Emissionen lassen sich ziemlich zuverlässig ermitteln. Über den Verbrauch von Energieressourcen wird nicht nur in staatlichen Verwaltungen Buch geführt, alleine schon der Handel mit diesen Waren bedingt eine genaue Buchführung.

Schwieriger wird die Berechnung von Treibhausgas-Emissionen aus der Land- und Forstwirtschaft. Da wäre das Beispiel der Methanemissionen aus Reisfeldern zu nennen. Die Messung der Emissionen sind das

Eine. Es muss aber auch die Frage gestellt werden, was denn dort ohne Kultivierung gewachsen wäre. selbst Selbst wenn nun zweifelsfrei nachgewiesen werden kann, dass die Methan-Emissionen ausschliesslich durch den Reisanbau entstehen. Was wäre dann die Massnahme, die getroffen werden müsste, um das zu vermeiden? Keinen Reis mehr anbauen? Reis ist ein unersetzliches Grundnahrungsmittel in Asien und grosser Teile der Weltbevölkerung. Tatsächlich bemühen sich internationale Organisationen, zusammengefasst in der SRP (sustainable rice platform) um den Anbau von «nachhaltigem Reis. Im Vordergrund steht dort jedoch die Förderung ertragreicherer Sorten. Als Nebenprodukt wird suggeriert, dass diese Sorten weniger Methan emittieren sollen. Eine Quantifizierung des Erfolgs solcher Massnahmen erscheint abenteuerlich.

Eine weitere Quelle anthropogener Emissionen sind Brandrodungen, eine verbreitete Methode in tropischen Regionen Südamerikas, Afrikas und Südostasiens, um Acker- oder Weideland zu erschliessen. Eine Differenzierung zwischen gelegten und natürlichen Bränden bedarf einer Schätzung und kann nicht zweifelsfrei berechnet werden. Aufforstungen sind sicherlich als Investitionen im Sinne von Treibhausgassenken anrechenbar. Bei den Klimaverpflichtungen deklarieren Länder wie zum Beispiel Brasilien bereits nur schon die Verhinderung von Rodungen als Massnahme zur Treibhausgasreduktion. Die Vereinten Nationen haben in ihrem Umweltprogramm (UNEP) umfangreiche Richtlinien zur Buchhaltung von Treibhausgas-Emissionen und -Senken erarbeitet. Alle Länder sind verpflichtet, diese jährlich zu aktualisieren.

Wenn bereits die Erfassung der von Menschen verursachten Emissionen anspruchsvoll ist, dann gestaltet sich die Bilanzierung der natürlichen Treibhausgas-Emissionen richtig schwierig. Für die Klimamodelle wird natürlich versucht, diese ebenfalls möglichst genau zu erfassen. Doch bei natürlichen Systemen, bei welchen man noch nicht einmal alle Quellen und Senken richtig begriffen hat, sind Schätzungsfehler in der Grössenordnung von 10 % nicht zu vermeiden. Zehn Prozent sind jedoch viel.

Wie in den Abbildungen 8, 9 und 10 bereits gezeigt, werden die natürlichen Treibhausgasemissionen auf zwanzig Mal grösser eingeschätzt als die anthropogenen. Die gemessene Zunahme in der Atmosphäre entspricht ungefähr der Hälfte der anthropogenen Emissionen. Man geht davon aus, dass die andere Hälfte in natürlichen Senken aufgenommen wird. Solche vereinfachenden Annahmen sind brisant. Die genannten Mengen liegen in der Grössenordnung der natürlichen Variationen.

Natürliche Variationen in Vegetationszyklen und natürliche Variationen des globalen Klimas können das Signal der anthropogenen Emissionen nicht übertönen, doch so weit stören, dass keine eindeutigen Trends mehr erkennbar sind. Sie erschweren vor allem eine Quantifizierung der Einflüsse anthropogener Emissionen auf die Klimaentwicklung.

Am 17. Mai 2017 erschien im China Daily http://www.chinadaily.com.cn/business/2017-05/18/content_29400931.htm eine kurze Meldung über einen erfolgreichen Produktionstest von Methanhydraten vom Meeresgrund in der Südchina-See in der Nähe der Shenhu Bay. Die Mitteilung enthielt keinerlei Angaben zur angewandten Technik oder über irgendwelche Mengen, die produziert wurden und auch nicht, welche Reserven man da gefunden habe. Die Meldung machte trotzdem weltweit Furore und verbreitete sich wie ein Lauffeuer. An der Mitteilung brisant war diese Aussage: *«Natürliche Gashydrate, welche oft in gefrorenem Stadium auf dem Meeresgrund von Kontinentalschelfs gefunden werden, sind eine zukünftige saubere Energiequelle, und werden dank ihrer hohen Energiedichte, ihrer Häufigkeit und Sauberkeit als neue Energiequelle betrachtet. Natürliche Gashydrate können für den Umweltschutz und den Klimawandel eine bedeutende Rolle spielen.»*

Im englischen Originaltext ist nicht erkennen, ob das letztgenannte Argument für den Klimawandel positiv oder negativ zu bewerten ist. Falls mit Gashydraten Kohle substituiert werden sollte, könnte das zu einer Reduktion von Schadstoff-Emissionen führen. Dient es jedoch nur der Ergänzung bisheriger Brennstoffe, bedeutet es eine Erhöhung der Emissionen.

Es zeichnet sich ab, dass viele Länder, allen voran die USA, ihre freiwilligen oder auch versprochenen Reduktionsziele mit dem Umstieg von Kohle auf Gas erreichen wollen. Es ist wahrscheinlich, dass bei der Erschliessung von Gashydraten dasselbe Argument vorgebracht wird. In der Tat ist der Teilumstieg der USA von Kohle- auf Gasstrom die bisher einzige Massnahme, die eine messbare Reduktion erbracht hat. Es ist davon auszugehen, dass die arabischen Staaten es ähnlich wie Norwegen tun werden. Norwegen glänzt in Sachen Nachhaltigkeit als Vorbild, weil es dank praktisch vollständiger Stromproduktion aus Wasserkraft die Elektrifizierung der Mobilität forcieren kann. Dass die Förderung aus dem Verkaufserlös fossiler Energie kommt, fliesst nicht in die Rechnung ein. Die Emissionen fallen im Verbraucherland, nicht im Produktionsland an. Die arabischen Staaten investieren kräftig in den Bau von vier Kernkraftwerken, damit sie ihren eigenen Energieverbrauch klimaschonend deklarieren können. Dass sowohl Norwegen wie die arabischen Staaten ihren Wohlstand dem Verkauf fossiler Energie verdanken, findet in der Bilanzierung der Nachhaltigkeit keinen Niederschlag.

8 | Wissenschaft, Ideologie und Politik

Klimawandel findet statt. Seit über zweihundert Jahren ist eine globale Erwärmung feststellbar. Seit über 150 Jahren nehmen die menschengemachten CO_2-Emissionen zu, seit rund siebzig Jahren in einer einzigartigen Geschwindigkeit. Innerhalb von 50 Jahren (1965-2015) hat sich die CO_2-Konzentration von 320 ppm auf über 400 ppm erhöht. Eine Zunahme von 25 Prozent in dieser Zeitspanne ist in erdgeschichtlichen Grössenordnungen ein aussergewöhnliches Ereignis. Ein direkter Vergleich mit ähnlichen Veränderungen in der Vergangenheit ist nur über sogenannte Proxies möglich, zum Beispiel mit Messungen der Gaszusammensetzung in Eiskernen.

Das Verständnis der Klimasensitivität auf anthropogene Einflüsse ist keinesfalls «settled science», auch wenn das von bekannten Klimawissenschaftlern gebetsmühlenartig wiederholt wird. Damit gemeint ist feststehendes Wissen, das nicht mehr hinterfragt werden kann, wie zum Beispiel die Tatsache, dass die Erde eine Kugel ist. «Settled» sind jedoch nur die Beobachtung, dass sich das Klima weltweit erwärmt, dass die CO_2-Konzentration in der Atmosphäre jedes Jahr zunimmt und dass jährlich rund 35 Milliarden Tonnen an Treibhausgasen aus menschlicher Aktivität in die Atmosphäre gelangen. «Settled» ist der Effekt, dass Treibhausgase die Infrarotrückstrahlung der Erde ins Weltall absorbieren und die Atmosphäre insgesamt erwärmen können. Es besteht ein Konsens, dass die Zunahme der Konzentration mit den anthropogenen Emissionen im Zusammenhang steht.

Nicht «settled» ist hingegen die Dynamik des Kreislaufs der natürlich emittierten und absorbierten Treibhausgase. Nicht «settled» ist die Sensitivität der Treibhausgaszunahme auf die globale Erwärmung und nicht «settled» ist der menschenverursachte Anteil davon. Doch genau diese Sensitivität ist kritisch. Nicht etwa, um sich billig aus der Affäre zu ziehen, sondern um die Wirkung von geforderten Reduktionen zu beurteilen. Wissenschaft ist bis zum Vorliegen eines Beweises sowieso nie «settled». Forschung ist eine nie endende Aufgabe. Das ist übrigens genau das, was der neue Leiter der US-Umweltbehörde Scott Pruitt fordert. Er fordert, dass die Klimasensitivität der anthropogenen Treibhausgase erforscht wird. Dass er dafür als Klimaskeptiker und sogar als Klimaleugner verunglimpft wird, zeigt nur die voreingenommene Haltung politisierter Wissenschaftler und Ideologen.

Echte Forschung sucht nie gewünschte Resultate. Echte Forschung sucht überprüfbare und reproduzierbare Resultate. Klimamodelle in die Zukunft sind per Definition nicht überprüfbar. Man kann sie nur mit gemessenen Daten eichen. Eine Prognose der Klimaentwicklung in die Zukunft ist deshalb immer nur innerhalb eines Streubereiches möglich.

8.1 Unsinnige Dämonisierung

Es gibt Agenturen, welche praktisch jeden Tag eine neue Schadensfolge dem Klimawandel anhängen. Das hat mit Wissenschaft nicht mehr das Geringste zu tun. Das ist politische Propaganda und darf ruhig als solche bezeichnet werden. Das Negative daran sind nicht die Verkürzungen mit Alarmtiteln. Das Negative ist der Schaden, welcher der Wissenschaft damit zugefügt wird. Der wird noch verstärkt, wenn sich Wissenschaftler nicht dezidiert von solchen Falschmeldungen distanzieren, sondern daraus noch einen Vorteil in eigener Sache ableiten.

In einer Anzahl von Medien hat es sich etabliert, ein kontinuierliches Trommelfeuer über die Folgen des Klimawandels aufrecht zu halten. Die Gründe dazu sind schwierig zu eruieren. Die harmloseste Interpretation ist wohl die, dass man über das Wetter immer reden kann, selbst wenn man sonst nichts Gescheiteres zu berichten hat. Dazu kommt, dass «Good news no news» sind. Ein kleines Katastrophenszenario lässt sich aber immer süffig verkaufen. Klimawissenschaft ist ein sehr weitläufiges und komplexes Feld. Die Anzahl Publikationen hat sich unter dem heutigen

Druck in der Wissenschaft, laufend zu publizieren exponentiell erhöht. Um in der Flut der Publikationen wahrgenommen zu werden, sind provokative Titel hilfreich. Im heutigen Internet-Journalismus – damit gemeint sind Nachrichtenportale mit Auslegern in allen sozialen Medien – greifen Medienschaffende gerne auf wissenschaftliche Publikationen mit provokativen Resultaten zu, ohne deren Glaubwürdigkeit näher zu prüfen. Dann spitzen sie die Aussagen mit reisserischen Titeln noch weiter zu und schon kopieren andere Plattformen die Meldung. Ich habe über den Zeitraum von ein paar Monaten Meldungen zu Klimastudien gesammelt. Sie sind meist nach demselben Muster aufgebaut: Reisserischer Titel, Bezugnahme auf eine Studie, Zitat der befürchteten Klimawirkung, logischerweise im Konjunktiv, und schliesslich noch in einem Nebensatz eine Einschränkung, respektive eine Kondition, was es braucht, damit dieses Szenario eintreten könnte. Problematisch wird es, wenn Nachrichtenagenturen Medienmitteilungen zu einer wissenschaftlichen Publikation ungeprüft übernehmen. In der Folge werden die Tagesmedien die Agenturmeldung gleichfalls ungeprüft übernehmen. Früher nannte man das Zeitungsenten, der aktuelle Name dafür sind Fake News.

Anfang Juli 2017 hat sich in der Antarktis ein riesiger Eisberg vom Larsen C Eisschelf losgelöst. Die langsame Ablösung der 5800 Quadratkilometer grossen Eisplatte kündigte sich durch einen langsam wachsenden Riss seit 2010 an. Selbst bei Nicht-Glaziologen hat es sich herumgesprochen, dass ein Eisberg keinen Beitrag zu einer Meeresspiegelveränderung beitragen kann, da er bereits im Wasser schwimmt und genau so viel Wasser verdrängt wie er enthält. Trotzdem wurde die Ablösung mit einem möglichen Meeresspiegelanstieg von bis zu 10 Zentimetern in Zusammenhang gebracht. Und zwar mit der Begründung, dass das dahinter liegende Landeis dadurch destabilisiert werden könnte und dann schneller ins Meer abgleiten würde. Das ist nicht auszuschliessen, ist aber ein ganz natürlicher Prozess. Diese Dynamik führt schliesslich zum Kalben der Gletscher. Dass sich irgendjemand in der Berichterstattungskette um einen Faktor 10 geirrt hat, veranlasste ausser der NZZ keines der Medien zu einer Korrekturmeldung. Bezeichnenderweise fand der Kommentar des Glaziologen, der diesen Eisschelf selbst seit Jahren beobachtet, in den Medien kein Gehör[25].

Dass die Eisdicke des Larsen-Schelfs sich in den letzten Jahren vergrössert hat und dass ein direkter Zusammenhang mit dem Klimawandel nicht hergeleitet werden könne, wurde nirgends rapportiert.

Zumindest handelte es sich bei dem Eisberg um ein tatsächliches Ereignis. Nicht einmal Medien wie das Schweizer Fernsehen sind vor blödsinnigen Klimameldungen gefeit: In der Sendung Club wurde allen Ernstes die Gefahr diskutiert, dass es durch den Klimawandel zu Paarungen zwischen Grizzlys und Eisbären kommen könnte.[26] In die gleiche Kategorie fällt eine Medienmitteilug der Britischen Ökologischen Gesellschaft, welche an einer Tagung diskutierte, dass die Rentiere Skandinaviens aufgrund wärmerer Winter schrumpfen würden[27]. Selbstverständlich verbreitete sich diese unsinnige Vermutung ungefiltert durch alle Medien. Bedauerlicherweise bleibt nicht einmal der Kulturteil von Tageszeitungen von dergleichen Schlagzeilen verschont. «So reagiert die Kunst auf den Klimawandel» stand im deutschen Südkurier[28]. Und schliesslich muss der Klimawandel sogar für das Grounding des Flugverkehrs hinhalten. Der deutsche Sender n-TV berichtet: «Erderwärmung hält den Flugverkehr am Boden»[29]. Statt festzustellen, dass Flugzeuge bei hohen Temperaturen nicht immer starten können, verbindet man das mit Klimawandel. Der Sender bezieht sich auf eine Studie der New Yorker Columbia Universität, welche Verspätungen im Flugverkehr auf amerikanischen Flughäfen untersuchte. Dort wurde festgestellt, dass hohe Temperaturen auf den Pisten Piloten veranlassen, den Start zu verschieben. Dass Flugpisten in den Tropen oft heisser sind als in den Vereinigten Staaten, floss nicht in die Studie ein.

Es lohnt sich nicht, weitere Beispiele zu analysieren. Es zeigt das sehr einfache Muster von Sensationshascherei. Den wahren Herausforderungen zum real stattfindenden Klimawandel dienen solche Enten nicht. Die Repetition noch so dummer Negativmeldungen führt zu einer Abstumpfung und fordert immer noch drastischere Schlagzeilen. In den USA habe man bereits den «Camp Fire stage» erreicht. Damit ist das Stadium gemeint, bei welchem am Lagerfeuer jeder mit einer noch gruseligeren Geschichte auftrumpfen will.

Wenn Klimawissenschaftler hohen Ranges in den Massenmedien regelmässig die Gelegenheit erhalten, mit besorgter Miene Drohszenarien zu bestätigen, muss das für den Laien beängstigend wirken. Aussagen werden so verkürzt, dass nur die katastrophale Folge erklärt wird. Die Eintretenswahrscheinlichkeit wird nie diskutiert. Dass eine globale Erwärmung auch durchaus positive Folgen haben kann oder eine Abkühlung noch viel grössere negative Folgen haben könnte, kommt nie zur Sprache. Die Komplexität der Materie bleibt dem Zuschauer oder dem Leser verborgen.

Drohszenarien sind ein fruchtbares Substrat für politische Forderungen. Mit Schreckensmeldungen aller Art wird das Terrain für Rettungsmassnahmen, sprich Regulierungen, Verbote, Staatseingriffe aller Art vorbereitet.

8.2 Selektive Kommunikation

Wie weit politisierte Wissenschaft nicht mehr korrekt, sondern selektiv kommuniziert, zeigt folgendes Beispiel:

Dass ein Zusammenhang zwischen der CO_2-Konzentration und Klima besteht, ist unbestritten. Ein Beweis liegt in den Vostok-Eiskernen vor. Die in den Eiskernen konservierten Gase stellen ein Klimaarchiv über die letzten 400 000 Jahre dar. Aus den darin enthaltenen Gasen und deren Zusammensetzung lassen sich die damaligen Temperaturen und die damalige CO_2-Konzentration der Atmosphäre ableiten. Gleichfalls untersuchen lässt sich die Staubbelastung der Luft. Der Temperaturverlauf und die CO_2-Konzentration zeigen eine bemerkenswerte Korrelation, wenn da nicht eine kleine Zeitverschiebung zwischen den beiden Kurven läge. Bei einer genaueren Analyse stechen folgende Beobachtungen ins Auge (Abbildung 16):

— Die jeweilige Erwärmungsphase beginnt jeweils vor der CO_2-Zunahme und zwar rund 800 bis tausend Jahre vorher. Präziser lässt sich das nicht aufschlüsseln.
— Die Abkühlungsphasen beginnen jeweils vor einer Abnahme der CO_2-Konzentrationen.

— Die CO_2-Konzentration läuft der Temperatur mit einer Verzögerung von ca. achthundert bis tausend Jahren hinterher.

Man kann argumentieren, dass es sich um relativ geringe 100 ppm-Variationen innerhalb von mehreren tausend Jahren gehandelt habe, während wir heute eine 100 ppm-Zunahme innerhalb von siebzig Jahren beobachten. Das mag richtig sein, doch gerade bei geringen Konzentrationen hätte die Treibhausgaswirkung von CO_2 viel stärker sein müssen als heute (siehe Kapitel 7).

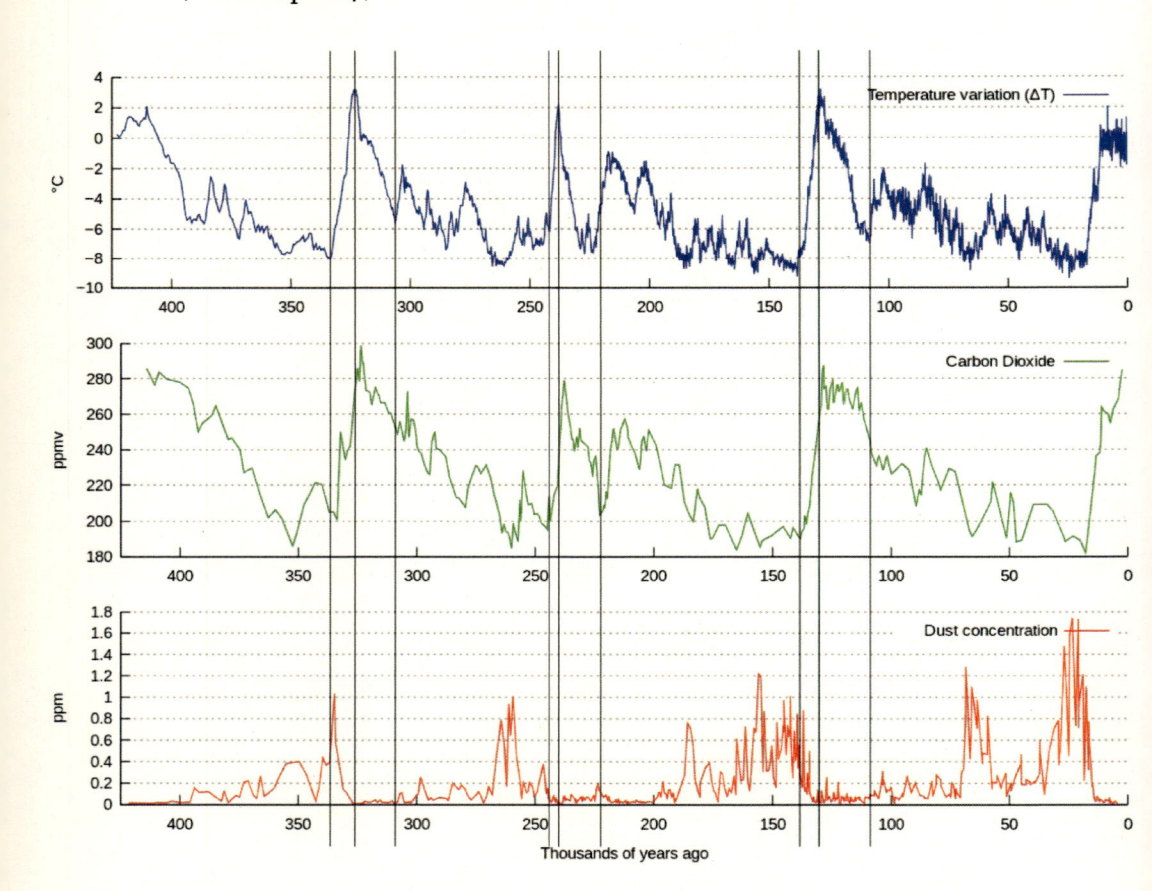

Abb. 16: Rekonstruierter Temperaturverlauf, CO_2-Konzentrationen und Staubbelastung in den Vostok-Eiskernen. Quelle: Petit et. al 1999

Diese Beobachtungen werfen Fragen auf. Sind die nachhinkenden CO_2-Konzentrationen das Resultat von Entgasung sich erwärmender Ozeane? Das wäre eine plausible Erklärung für die Verzögerung. Wenn aber CO_2 ein Klimatreiber ist, was bewirkt denn das spontane Einsetzen der Abkühlung bei hohen CO_2-Konzentrationen? Eine Abkühlung als Folge einer CO_2-Reduktion ist aus den Daten der Eiskerne nirgends zu erkennen. Diese Feststellung ist nicht trivial. Sie wirft berechtigte Zweifel an der Wirksamkeit einer aktiven CO_2-Reduktion auf. Das sind Fragen, die vor unüberlegten Aktionen wie einem aktiven Entzug von CO_2 aus der Atmosphäre zu beantworten sind. Die Beantwortung solcher Fragen würde auf jeden Fall grössere Forschungsanstrengungen rechtfertigen als das lustvolle Ausmalen einer vor Hitze verbrennenden Welt.

Dass solche Fragen weder von der Politik noch von der Wissenschaft selbst gestellt werden, wirft kein gutes Licht auf deren Absichten. Durch das alleinige Fokussieren auf Reduktionsmassnahmen, für die man eigene Lösungen bereithält, lässt sich der Verdacht auf die Bedienung von Partikularinteressen nicht ausräumen.

8.3 CO_2-Budgets

Das zentrale Thema des Pariser Abkommens von 2015 ist die Begrenzung der Klimaerwärmung auf unter 2 Grad bis Ende des Jahrhunderts. Die einzige zur Verfügung stehende Massnahme ist eine Reduktion der Treibhausgas-Emissionen. Andere Mechanismen zur «Steuerung» des Klimas stehen nicht zur Verfügung. Um sich der Grössenordnung dieser Herausforderung bewusst zu werden, wurden substantielle Vereinfachungen vorgenommen.

Die wichtigste Vereinfachung von allen ist diejenige, dass die gesamte Zunahme des atmosphärischen CO_2 ausschliesslich auf Rechnung anthropogener Emissionen geht. Aufgrund der guten Korrelation zwischen den aufgerechneten Emissionen und der CO_2-Zunahme in der Atmosphäre ist das plausibel und von vielen akzeptiert, aber im Sinne der Wissenschaft kein Beweis.

Der Konsens des Pariser Abkommens ist, dass die Emissionen reduziert werden müssen. Unter der Annahme, dass die Klimaerwärmung zum grössten Teil von den anthropogenen Emissionen beeinflusst ist, kann man berechnen, wie stark die Treibhausgasemissionen reduziert werden müssten, um das Ziel zu erreichen. Aus dieser Logik entstand das Konzept des CO_2-Budgets, respektive des CO_2-Rest-Budgets. Mit dieser Logik kommt man nämlich zu dem Schluss, dass bis zum Jahr 2050 nur noch total 613 Milliarden Tonnen CO_2 in die Atmosphäre emittiert werden dürften und danach nichts mehr. Um dies einzuhalten, müsste ab 2016 weltweit jedes Jahr ein Milliarde Tonne weniger emittiert werden als im Jahr zuvor. Ab dem Jahr 2050 müsste die Menschheit CO_2 neutral funktionieren (Abbildung 17). Beides ist nicht nur realitätsfern, sondern es ist unmöglich. Trotzdem wird es gefordert.

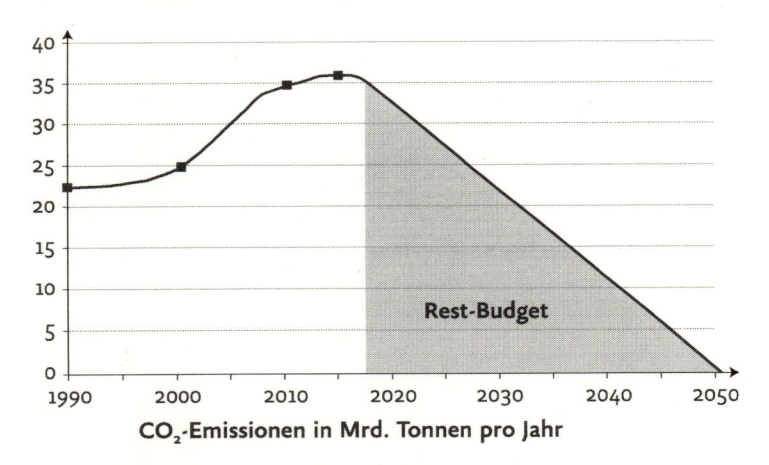

Abb. 17: Zur Erreichung der Klimaziele erforderliche Reduktion der CO_2-Emissionen. Quelle: Center for Climateand Energy Solutions, https://de.wikipedia.org/wiki/CO₂-Budget

Ein Ziel der Reduktionsmassnahmen ist es, die Emissionen auf den vorindustriellen Stand des Jahres 1750 zurückzubringen. Im Jahr 1750 lebten 700 Millionen Menschen auf der Erde ohne jegliche Motorisierung. Heute sind es zwölf Mal mehr. Ohne motorisierte Landwirtschaft und die dazu notwendige technisierte Lieferkette wäre alleine schon die Ernährung nicht mehr zu gewährleisten.

Es ist müssig, solche Reduktionsziele weiter zu analysieren. Alleine mit der menschlichen Ausatmung werden heute 3 Milliarden Tonnen CO_2 mehr emittiert als damals, Emissionen durch andere Körperöffnungen nicht mit eingerechnet. Fairerweise muss man erwähnen, dass IPCC humane Treibhausgase nicht bilanziert, ganz im Gegensatz zu den Wiederkäuern.

Die politische Diskussion fokussiert die Reduktionsfrage auf den Energieverbrauch. Das ist bereits eine inkorrekte Verkürzung. Die Treibhausgasemissionen von 35 Milliarden Tonnen werden nämlich nur zu zwei Dritteln durch die Verbrennung fossiler Energie verursacht. Das restliche Drittel kommt aus industriellen Prozessen und der Landwirtschaft (Abbildung 18). Bei den industriellen Prozessen handelt es sich zum Beispiel um die Zementherstellung. Beim Brennen des Kalk-Tonsteingemischs werden sehr grosse Mengen CO_2 freigesetzt, zusätzlich zu den Verbrennungsgasen. Die grössten Treibhausgasquellen der Land- und Forstwirtschaft sind Brandrodungen und Methanemissionen aus der Tierhaltung und dem Reisanbau.

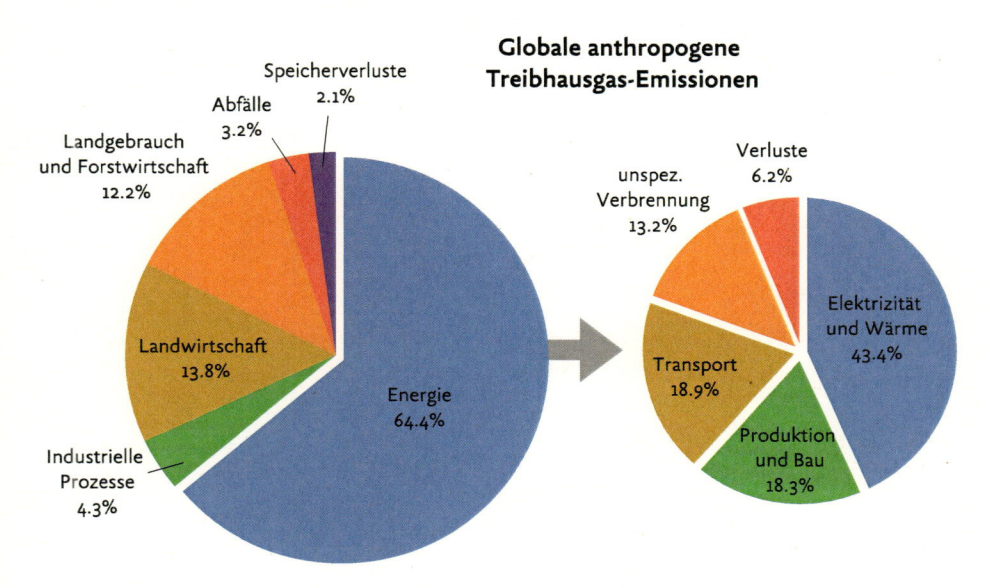

Abb. 18: Ursache der anthropogenen Treibhausgas-Emissionen. Links alle Bereiche, rechts nur Energiebereich. Quelle: Center for Climate and Energy Resources

Ein Verzicht auf Reisanbau, Tierhaltung und Forstwirtschaft ist illusorisch. Die Ernährung der Weltbevölkerung kann genauso wenig reduziert werden wie die Atmung. Die landwirtschaftliche Produktion wird proportional zum globalen Bevölkerungswachstum zunehmen. Ebenso ist ein Verzicht auf die Zementherstellung illusorisch. Die Zementindustrie ist sich ihrer Emissionen durchaus bewusst. Eine Reduktion der CO_2-Emissionen ist vom Prozess her nicht möglich, die Industrie bemüht sich deshalb, das CO_2 zu entsorgen. Entsorgen bedeutet nichts anderes, als das CO_2 anderswo loszuwerden als in der Atmosphäre. Dass dies ein zweischneidiges Schwert ist, weil es zwangsläufig zu einem markant höheren Energiebedarf führt, wird weiter unten beim Thema CCS, «Carbon Capture and Sequestration», diskutiert.

Prof. Stefan Rahmstorf vom Potsdam-Institut für Klimafolgenforschung zeigt auf, welche radikale CO_2-Reduktion notwendig wäre, um das «unter 2°C» Ziel zu erreichen.[30] (Abbildung 19).

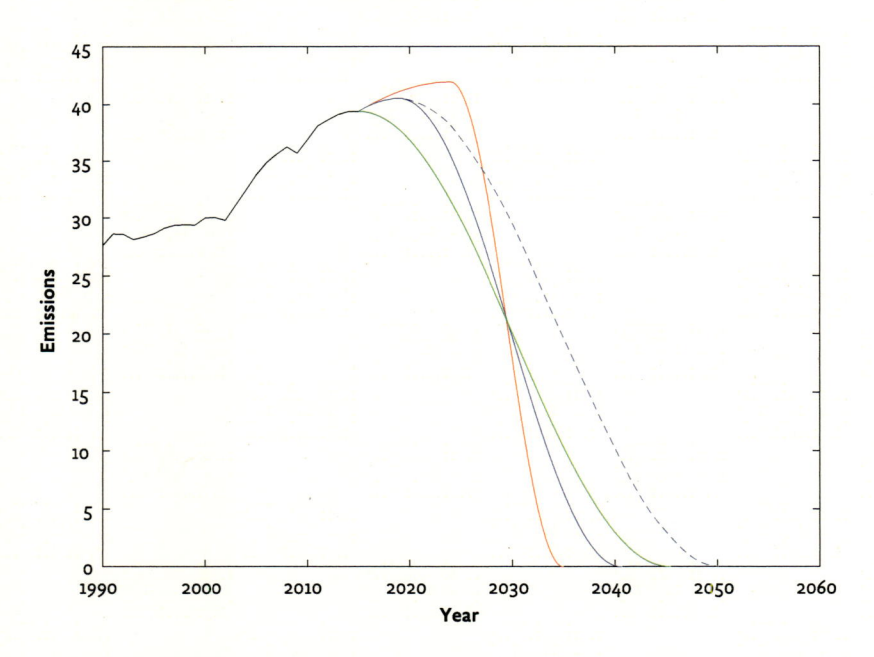

Abb. 19: Benötigte CO_2-Reduktion, um «unter 2°C» Ziel zu erreichen (gemäss Rahmstorf 2017); Quelle: 2020 The Climate Turning Point

Die Studie geht davon aus, dass CO_2 praktisch die wichtigste Steuerschraube für das Erdklima sei. Dargestellt sind vier Szenarien mit Wendepunkt der CO_2-Emissionen 2016, 2020 und 2025. Je später dieser Wendepunkt erreicht wird, desto schneller müsse auf null reduziert werden. Unter der Annahme, dass das Restbudget 800 Gigatonnen betrage, wäre eine Vollbremsung bis ins Jahr 2050 erlaubt. Die theoretische Modellierung zeigt, wie wenig realistisch es ist, dieses Ziel zu erreichen. Ein Verzicht auf sämtliche menschliche Aktivität, nicht nur Verzicht auf Energieverbrauch, ist nicht vorstellbar.

8.4 Klimamodelle

Das CO_2-Budget ist ein Resultat, das aus vier in den Klimamodellen verwendeten Szenarien hervorgeht. In den IPCC-Berichten sind das die sogenannten «Repräsentativen Konzentrationspfade» (representative concentration pathways), kurz RCP genannt. In diesen Szenarien zusammengefasst sind verschiedene Annahmen wie Bevölkerungswachstum, Energiebedarf sowie Art der Deckung des Energiebedarfs. Daraus wird die Zunahme der Treibhausgas-Emissionen bis 2100 abgeschätzt.

Bezeichnung	RCP 2.6	RCP 4.5	RCP 6.0	RCP 8.5
Treibhausgaskonzentration CO_2-äq. in ppm im Jahre 2100	475	630	800	1313
Strahlungsantrieb in W/m^2 1850–2100	2.6	4.5	6.0	8.5
Einstufung	sehr niedrig	mittel	hoch	sehr hoch

Tabelle 3: Für die IPCC-Klimamodelle verwendete repräsentative Konzentrationspfade

RCP 2.6 ist das mit dem Klimaabkommen von Paris angestrebte Szenario. RCP 4.5 und RCP 6.0 sind Szenarien, welche den «Business as usual»-Fall eingrenzen. Das sind die wahrscheinlichsten Szenarien. RCP 8.5 ist das worst case-Szenario, das auf einer Summierung unwahrscheinlicher Entwicklungen aufbaut. Jeder Treibhausgas-Konzentration wird ein bestimmter Strahlungsantrieb zugeschrieben. Bei der heutigen Zusammensetzung der Atmosphäre wird der durch menschliche Abgase verursachte Treibhausgaseffekt mit einer Leistung von einem Watt pro Quadratmeter berechnet (Abbildung 20.)

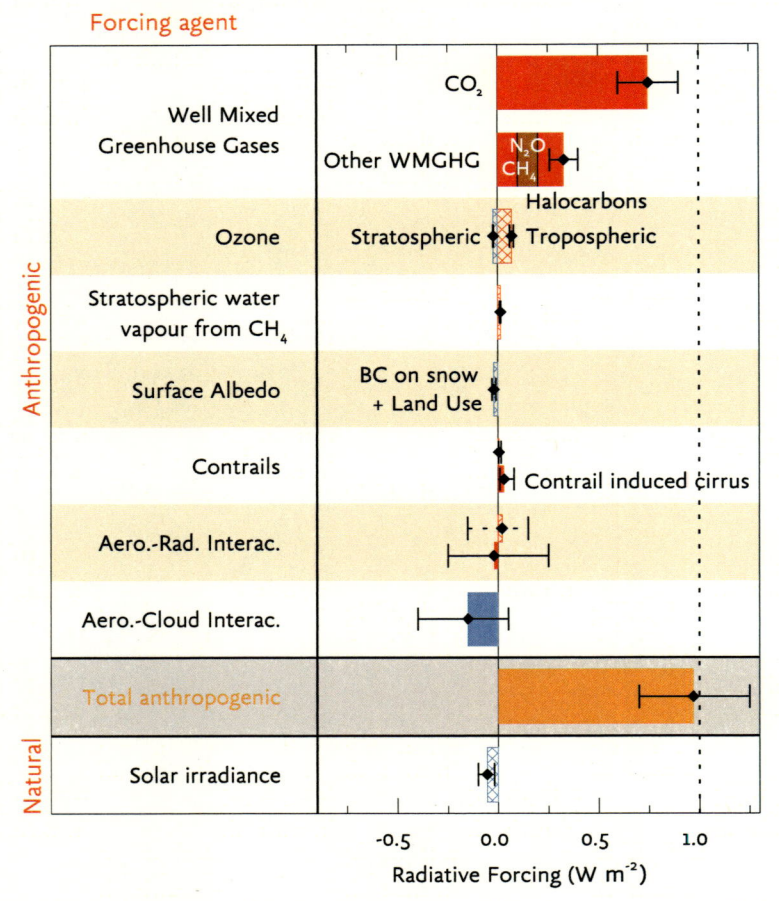

Abb. 20: Herleitung des menschengemachten Treibhausgaseffekts gem. IPCC

Der Weltklimarat geht davon aus, dass der Strahlungsantrieb vom Beginn der Industrialisierung 1750 bis ins Jahr 2011 2,3 Wm^{-2} betrug. In diesem Zeitraum stiegen die mittleren Landtemperaturen um rund 1°C. Mit dem Szenario RCP 2.6, also einem Strahlungsantrieb von 2.6 Wm-2, das mit den Klimabeschlüssen in Paris angestrebt wird, sollte sich das Klima also bis Ende des Jahrhunderts nicht mehr als 1.5°-2°C erhöhen. Im Szenario RCP 8.5 wird davon ausgegangen, dass der Strahlungsantrieb 8.5 Wm^{-2} betragen soll, also rund dreimal grösser sein müsste. (Abbildung 21).

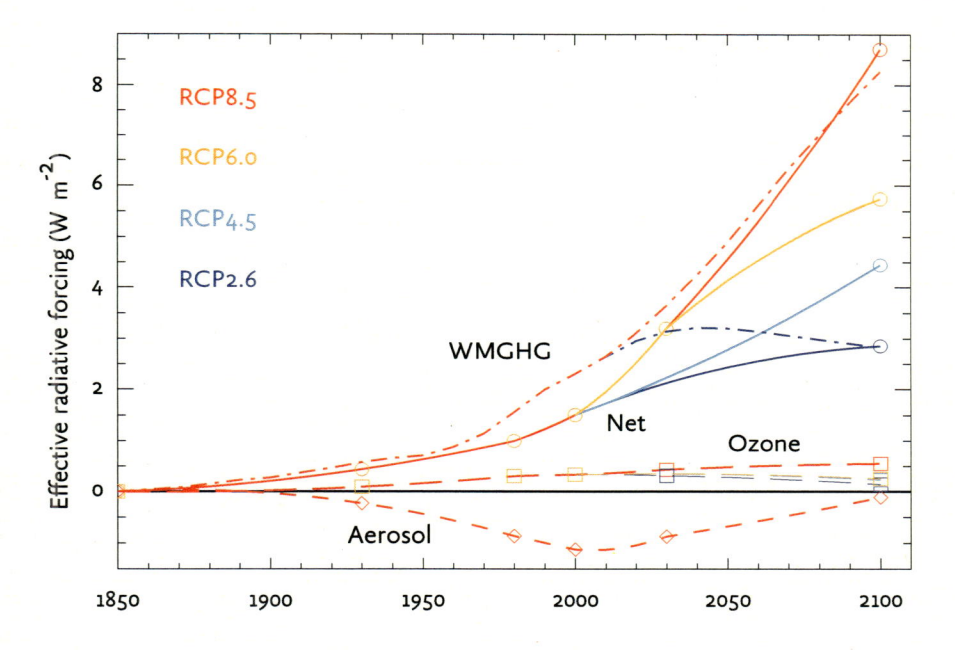

Abb. 21: Treibhausgas-Konzentrationspfade bis 2100 gem. IPCC

Im neuesten IPCC-Summary for Policymakers (2016) wird in einer Graphik (Abbildung 22) zusammengefasst, wie stark sich die menschlichen Treibhausgasemissionen auf die Erwärmung von 1951 bis 2100 auswirken. Gemäss dieser Graphik ist die Erwärmung vollständig auf menschliche Emissionen zurückzuführen, natürliche Einflüsse wie Variationen der Solarstrahlung und natürliche Variabilität des Klimageschehens werden als vernachlässigbar angesehen.

79

Contributions to observed surface temperature change over the period 1951-2010

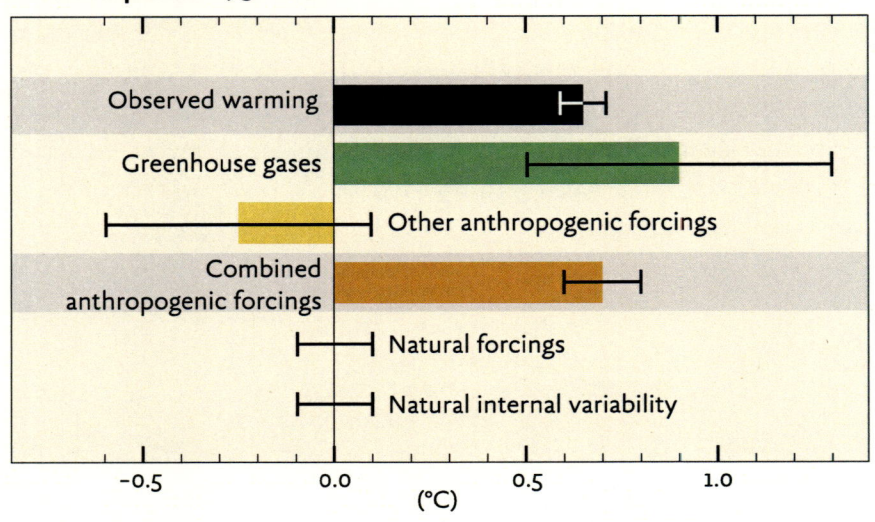

Abb. 22: Einfluss anthropogener Treibhausgase auf die Erwärmung 1951-2100

Wenn dem so wäre, liesse sich allerdings die rapide Erwärmungsphase, die zwischen 1920-1945 stattfand nicht mehr erklären (Abbildung 23). Der IPCC liefert dazu keine Erklärung. Sie erfolgte mit der gleichen Geschwindigkeit wie diejenige von 1970 bis 1997. Ebenso wenig liesse sich die Gletscherschmelze erklären, welche bereits vor 1850 eingesetzt hat.

In der Regel wird in der Politik auf das Extremszenario RCP 8.5 Bezug genommen, obwohl dieses auf unrealistischen Annahmen beruht. Die viel wahrscheinlicheren Szenarien RCP 4.5 und RCP 6.0, bieten nicht die gleich süffigen Untergangsszenarien.

Das worst case-Szenario RCP8.5 geht von einem schnellen Bevölkerungswachstum auf 12 Milliarden Menschen bis zum Ende des Jahrhunderts aus. Es setzt auf ein konservatives Wirtschaftsmodell ohne technologischen Fortschritt, unverändert steigenden Energiebedarf pro Kopf ohne jegliche Effizienzsteigerung und unverändert zunehmendem Gebrauch fossiler Ressourcen. Ein solches Szenario ist so wahrscheinlich,

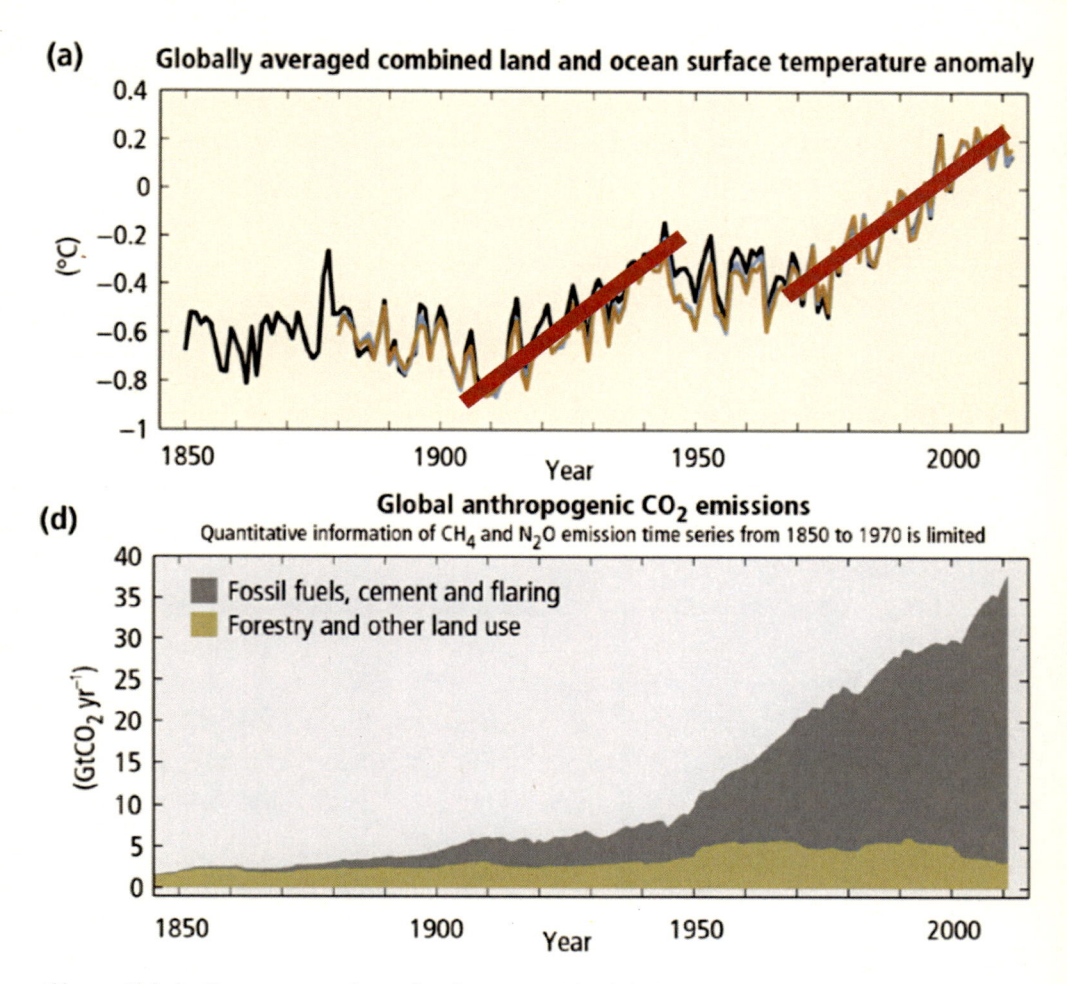

Abb. 23: Globaler Temperaturanstieg und anthropogene CO_2-Emissionen 1850-2010. aus IPCC WG1 AR5

wie wenn man vor dem Zweiten Weltkrieg angenommen hätte, dass der Bahnverkehr heute noch mit Dampflokomotiven bewältigt würde und die Telekommunikation ausschliesslich über Kupferkabel möglich wäre. Es ist erstaunlich, dass ausgerechnet von den Promotoren der Zukunft ein solch fantasieloses Bild als Basisszenario missbraucht wird. RCP 8.5 geht davon aus, dass die technische Entwicklung, welche sich in den letzten Jahrzehnten laufend beschleunigt hat, plötzlich zum Stillstand kommt.

RCP8.5 wird auch fünf Jahre nach seiner Herleitung noch unverändert als wichtigste Referenz gebraucht, auch wenn sich der angenommene Zuwachs im Kohleverbrauch nicht bewahrheitet hat. Der Kohleverbrauch in China, dem wichtigsten Konsumenten, ist förmlich zusammengebrochen. Und zwar keineswegs zur Erfüllung von Klimavereinbarungen, sondern einfach aufgrund eines sich auf ein normaleres Niveau einpendelndes Wirtschaftswachstum. Aber in erster Linie wegen eines echten Problems, demjenigen der unakzeptablen Luftverschmutzung in den Städten und Industriezentren. Mit steigendem Wohlstand werden auch in China Massnahmen zum Umweltschutz an Bedeutung gewinnen. Weshalb die Natur in Ländern mit einem hohen Wohlstand in besserer Verfassung ist, als in armen Ländern, wird in Kapitel 13 analysiert.

8.5 Modellresultate und Politische Empfehlungen

Problematisch ist die Rolle des IPCC weil sie als wissenschaftliche Institution wahrgenommen wird, die sie eigentlich nicht ist. IPCC betreibt keine Forschung. IPCC zieht nur Schlüsse, aus fundierten wissenschaftlichen Arbeiten, und diskutiert diese in sehr langen Berichten, den «Assessment Reports». Daraus werden in einem nächsten Schritt die «Summaries for Policymakers» erarbeitet. Diese Zusammenfassungen sind keine wissenschaftlichen Aussagen mehr, sie werden von Editoren Wort für Wort konstruiert, um aus den wissenschaftlichen Resultaten politisch wirksame Aussagen zu machen. Diese Aussagen geben nicht mehr die volle Breite der komplexen Resultate wieder, sondern nur noch pointierte Folgerungen. Ein Beispiel dazu sind die beiden Graphiken zu den Klimaprognosen bis Ende des Jahrhunderts. Im IPCC Bericht der Workgroup 1, The Physical Science Basis werden im Kapitel 12 die Modellierungsresultate der Klimamodelle nach den bereits erwähnten CO_2-Szenarien dargestellt (Abbildung 24). Für jedes der Szenarien wird rechts von der Graphik ein farbiger Balken gezeigt, der den Temperaturbereich zu Ende des Jahrhunderts anzeigt, welchen die Modellrechnungen ergeben haben. Die ausgezogene Linie entspricht dem arithmetischen Mittelwert aller Modellrechnungen zum jeweiligen Szenario. Und da wären eigentlich die Bereiche der Szenarien RCP 4.5 und RCP 6.0 am interessantesten, weil es sich um die wahrscheinlichsten Szenarien handelt. Sie repräsentieren eine obere und eine untere Grenze des «Business as usual»-Falles. Die Resultate ergeben eine Erwärmung von +1°C bis +3°C gegenüber dem Mittelwert 1980-2000. Das sind keine alarmierenden Ergebnisse. Nur der Extremfall RCP 8.5, der von einer CO_2eq-Konzentration von 1000 ppm am Ende des Jahrhunderts ausgeht, gibt etwas her. Die Erwärmung läge gemäss Modellrechnungen bei 2.5°-5°.

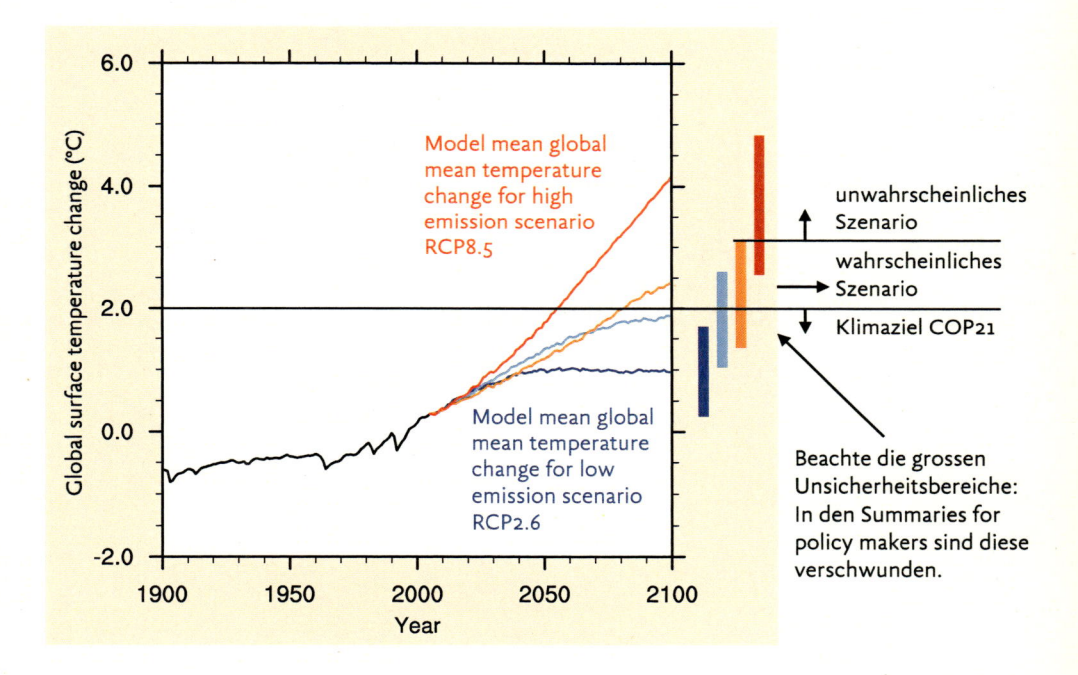

Abb. 24: Resultate der Klimamodelle der Szenarien RCP 2.6, 4.5, 6.0 und 8.5 im ICCP Bericht (WP1 AR5, FAQ 12.1, Fig1)

Im Summary for Policymakers[31] erscheinen die beiden wahrscheinlichen Szenarien nicht mehr (Abbildung 25). Die Graphik impliziert, dass ohne politische Massnahmen das Szenario in rot (RCP 8.5) eintreten würde. Seit Beginn der Industrialisierung hat sich die CO_2-Konzentration in

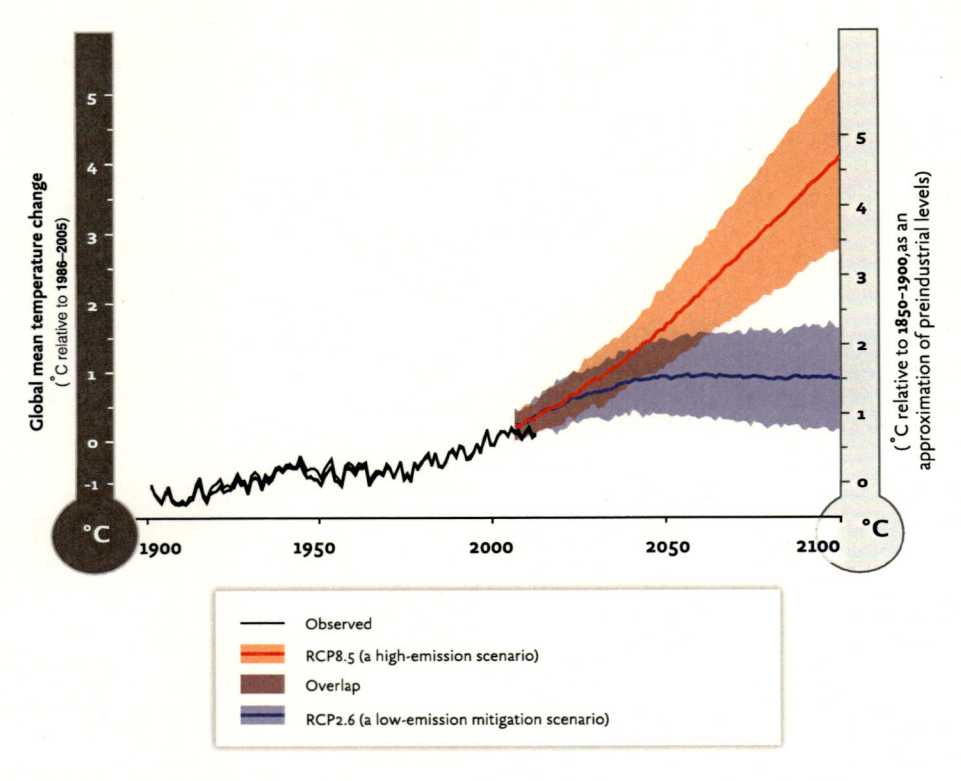

Abb. 25: Klimaprognosen in Summary for Policymakers zeigt zwei Extremszenarien und eine verschobene Temperaturskala auf der rechten Seite. Die wahrscheinlichen Szenarien RCP 4.5 und RCP 6.0 sind verschwunden. (Quelle: IPCC, Climate Change 2014, Impacts, Adaption and Vulnerability, WG II)

der Atmosphäre von 280 ppm auf 400 ppm, also um 120 ppm erhöht. Um die Konzentrationen des Szenario RCP 8.5 mit anthropogenen Emissionen zu erreichen, müssten diese um das Fünffache erhöht werden. Argumentiert wird mit potentiellen run away-Effekten. Dass dies in einem extrem gepufferten System wie der Atmosphäre unwahrscheinlich ist, wird unterschlagen. Deshalb ist RCP 8.5 keine sinnvolle Annahme und kein realistisches Szenario. Trotzdem dient es in den politischen Diskussionen als Referenz für «Business as usual». Ausgerechnet der eigentliche «Business as usual»-Fall, die Szenarien RCP 4.5 und RCP 6.0, sind weggelassen. Um die Graphik noch ein bisschen dramatischer zu gestalten, ist auf der rechten Seite eine Temperaturskala abgebildet, welche sich auf ein prä-industrielles Temperaturniveau (1850-1900) bezieht. Damit wird die globale Erwärmung in der ersten Hälfte des 20. Jahrhunderts auch bereits als Folge anthropogener Emissionen impliziert. Das entbehrt jeglicher Logik und Wissenschaftlichkeit.

Abbildung 24 kann als repräsentativ für die saubere wissenschaftliche Grundlage der IPCC-Berichte angesehen werden. Die Grafikmanipulation, die zu Abbildung 25 führt, ist repräsentativ für die Politisierung der Zusammenfassungen.

8.6 Illusorische Reduktionsziele

Am Klimagipfel in Paris 2015 haben alle Länder zugestimmt, ihre individuell festgesetzten Klimareduktionsziele zu verfolgen. Das mit Abstand ambitionierteste Ziel ist dasjenige der Schweiz, bei welchem sich das Land verpflichtet, seine inländischen Emissionen bis 2030 zu halbieren, ungeachtet der Tatsache, dass diese bereits die niedrigsten aller Industriestaaten sind. Doch damit nicht genug. Die Halbierung wird in absoluten Zahlen angeboten, nicht etwa pro Kopf. Bei Zuwanderung werden dazu noch drastischere Massnahmen notwendig sein. Das Klimaziel der EU ist eine Reduktion um 40 % bis 2035, dasjenige der USA eine Reduktion von 25 %. Und das ausgehend von einem heute sehr hohen Niveau (Abbildung 26, Seite 86).

Die Klimaziele der grossen aufstrebenden Volkswirtschaften wie China und Indien orientieren sich an Reduktionsmassnahmen im Verhältnis zur Wirtschaftsleistung. Solche Zieldefinitionen erlauben in absoluten Zahlen eine weitere Zunahme der Treibhausgasemissionen.

Wie realistisch die Einhaltung dieser Ziele ist, sei dahingestellt. Bereits eine Überprüfung wird sich schwierig gestalten. An diesen Zielen problematisch ist sowieso, dass sie sich jeweils nur auf die inländisch produzierten Emissionen beziehen. Ein Land könnte zum Beispiel seine Ziele erreichen, indem es vollständig auf eine elektrifizierte Wirtschaft setzt, den Verkehr elektrifiziert, den Wärmebedarf elektrifiziert, die pro-

Wirtschaftsleistung vs CO_2-Emissionen

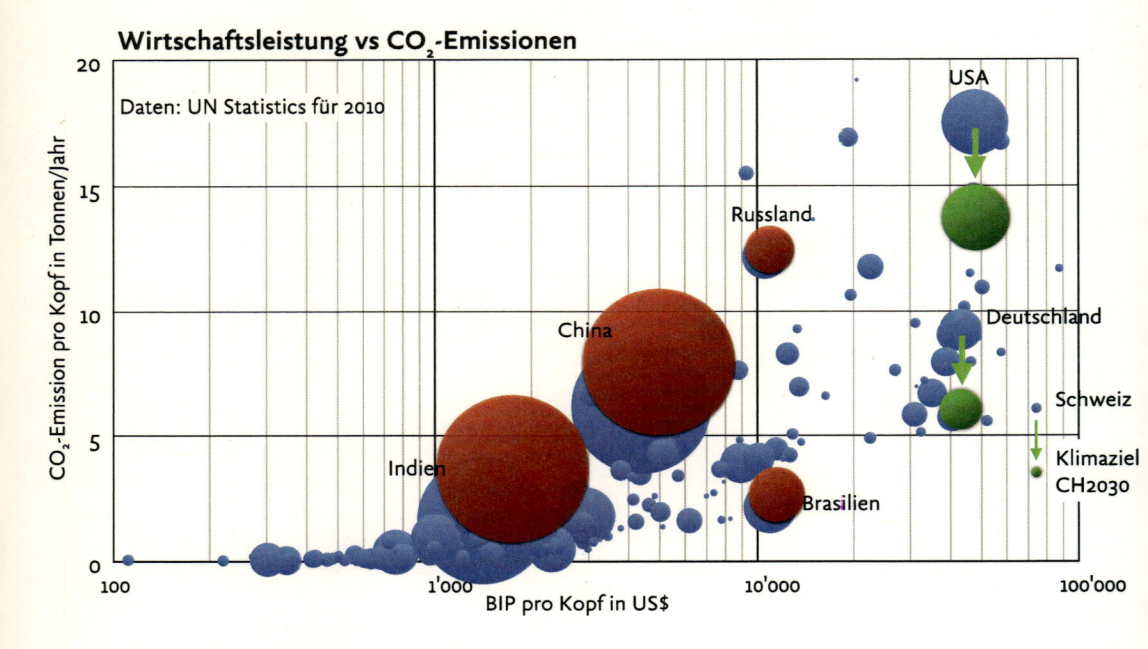

Daten: UN Statistics für 2010

Abb. 26: CO_2-Emissionen pro Kopf vs. Bruttoinlandprodukt ausgewählter Länder. Grösse der Blasen proportional zur Bevölkerung. Blau: Ist-Zustand; Rot und Grün: Veränderung bei Erfüllung der Klimaschutz-Verpflichtungen am Klimagipfel in Paris 2015 (COP21)

duzierende Industrie auslagert und den Strom importiert. Interessanterweise ist das der wahrscheinliche Weg, den die Schweiz mit der Energiestrategie 2050 einschlägt. Ein Land, das es sich leisten kann, wird versuchen, seine CO_2-Emissionen auf diese Weise zu exportieren, womit die Idee des Klimaabkommens zwar verraten ist, die Ziele aber erfüllt wären.

Abgesehen von solchen Scheinlösungen interessiert es schon, welche Wirkung die vereinbarten Massnahmen tatsächlich haben könnten.

Für einen Grobtest kann man sich eine Nachprüfung der länderspezifischen Verpflichtungen ersparen. Es genügt, eine optimistische Annahme zu treffen: Alle Länder dieser Erde würden sich verpflichten, bis 2050 ihren Pro-Kopf-Verbrauch an fossiler Energie gleichermassen zu reduzieren. Sämtliche nationalen und internationalen Energieagenturen gehen zwar von einem weiter ansteigenden Konsum fossiler Energie aus, aber das tut für diesen Grobtest nichts zur Sache. Wir gehen von den jährlich emittierten 35 Milliarden Tonnen CO_2 aus. Woher die anthropogenen Treibhausgase stammen, ist in Abbildung 18 ersichtlich. In der Abbildung 27 sind zur Vereinfachung die Anteile von Abfällen, Verlusten und unspezifischer Verbrennung proportional den Sektoren Land- und Forstwirtschaft, Produktion und Bau, industrielle Prozesse, Transport und Elektrizität und Wärme zugeordnet. Wir testen dabei zwei Szenarien. Im Szenario 1 wird der Pro-Kopf-Verbrauch fossiler Energie für Strom, Wärme und Transport bis 2050 halbiert. In Szenario 2 wird zur Stromproduktion, Wärme und Transport vollständig auf fossile Energie verzichtet. Das entspricht den Forderungen der Klima Allianz Schweiz, der auch internationale Umweltschutzverbände wie Greenpeace und WWF angehören. Diese Forderung ist nicht aus der Luft gegriffen, sie ergibt sich aus dem Konzept des verfügbaren Rest-Budgets (Abbildung 17, Seite 88).

Mit dem prognostizierten Bevölkerungswachstum um 24 % bis ins Jahr 2050 muss davon ausgegangen werden, dass die Landwirtschaft im selben Masse expandieren wird. Der Bedarf nach Produktion und Behausung wird sich mit steigender Bevölkerung nicht reduzieren lassen. Zur Vereinfachung gehe ich davon aus, dass dieser Sektor stagniert. Welche Primärenergie für Elektrizität, Wärme und Transport verwendet wird, ist nebensächlich.

Auffallend ist, dass die THG-Emissionen nicht proportional zurückgehen, sondern nur zu einem, respektive zu zwei Dritteln. Damit wird klar, dass das Ziel der Null-Treibhausgas-Emissionen überhaupt nicht erfüllbar ist.

Unrealistisch ist zudem, dass alle Güter zum Gebrauch erneuerbarer Ressourcen ohne fossile Energie hergestellt werden müssten, also Solarpaneele, Windturbinen, Batterien, hydraulischer Speicher etc. Bei dieser Betrachtung wird das Konzept des EROI (energy returned on energy invested) relevant. Ist der EROI einer Energiegewinnungsmethode gering, steigt der Ressourcenbedarf alleine zur Herstellung exponentiell an. Dazu mehr am Schluss, wie eine dekarbonisierte Welt aussehen könnte (Kapitel 12.5).

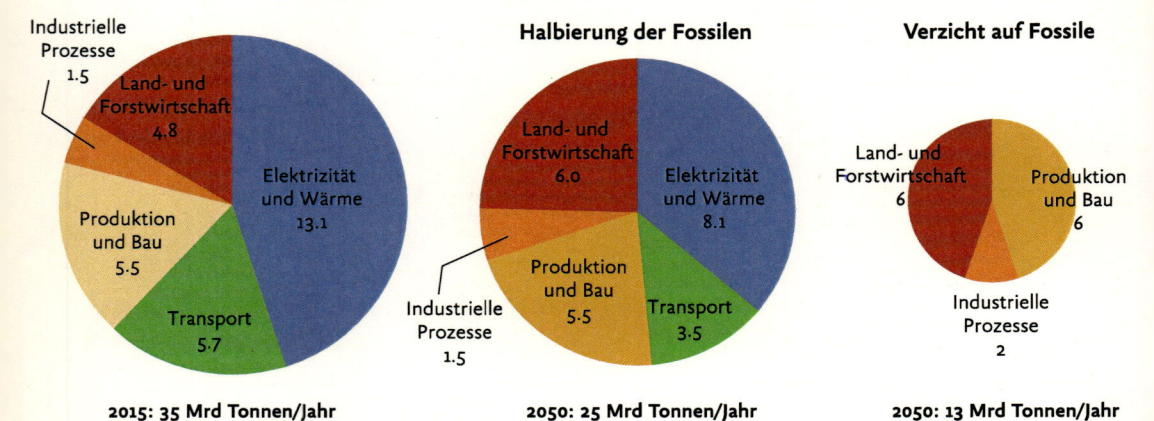

Industrielle Prozesse 1.5
Land- und Forstwirtschaft 4.8
Elektrizität und Wärme 13.1
Produktion und Bau 5.5
Transport 5.7

2015: 35 Mrd Tonnen/Jahr

Halbierung der Fossilen

Land- und Forstwirtschaft 6.0
Elektrizität und Wärme 8.1
Industrielle Prozesse 1.5
Produktion und Bau 5.5
Transport 3.5

2050: 25 Mrd Tonnen/Jahr

Verzicht auf Fossile

Land- und Forstwirtschaft 6
Produktion und Bau 6
Industrielle Prozesse 2

2050: 13 Mrd Tonnen/Jahr

- Halbierung, resp. Verzicht des Verbrauchs fossiler Energie durch Substitution und Effizienzsteigerung
- Bevölkerungswachstum von 23% bedingt gleiches Wachstum in Nahrungsproduktion.
- Industrielle Prozesse (Zementproduktion stagnierend trotz Bevölkerungswachstum)
➡ resultiert in einer Reduktion der Treibhausgasemissionen von **29%** resp. **63%**.

Abb. 27: Treibhausgas-Reduktionsszenarien

Eine andere Betrachtung ist diejenige einer global gerechten Verteilung des Konsums. Der mittlere Treibhausgasausstoss pro Kopf beträgt global 4.5 Tonnen CO_2. Gemäss den Forderungen der Klima-Allianz oder auch gemäss dem Rest-Budget-Konzepts müssten sich die Pro-Kopf-Emissionen auf jährlich 1 Tonne beschränken. Das deckt sich ziemlich gut mit dem berechneten vollständigen Verzicht auf jegliche fossile Energie. Das entspricht den Pro-Kopf-Emissionen in Senegal, Mauretanien oder Afghanistan.

8.7 Trügerische Klimaziele der Schweiz

Die Schweiz weist gemäss der Buchhaltung der Vereinten Nationen vorbildlich tiefe CO_2-Emissionen auf. Grund dafür sind die nahezu CO_2-freie Stromproduktion aus Wasserkraft und Kernkraft. Rund je ein Drittel der Treibhausgas-Emissionen fallen auf den Gebäudebereich, die

Mobilität und die industrielle Produktion. Gemäss den Angaben des Bundesamtes für Umwelt, BAFU, bewegen sich die Treibhausgasemissionen der Schweiz um die 52 Millionen Tonnen CO_2-eq, respektive 6.5 Tonnen CO_2-eq pro Person. Das ist das offizielle Treibhausgasinventar, welches nach den Richtlinien der UNFCCC erhoben wird. Die Klimaziele orientieren sich an diesem Inventar.

Es blieb jedem Land überlassen seine eigenen Ziele zu formulieren. In diesen INDC's (Intended Nationally Determined Contribution) sind einige Hintertürchen eingebaut, welche jedes Land auf seine Art gebrauchen kann oder nicht. Das Fragwürdigste ist die Anrechnung von Treibhausgas-Senken. Das Kürzel LULUCF steht für Land Use, Land Use Change and Forestry. So sperrig wie das Kürzel, so beliebig ist die Interpretation der Bedeutung. Unter diesem Begriff lassen sich Wälder als Treibhausgas-Senken deklarieren. Damit kann dann die eigene Klimabilanz verschönert werden. Die Schweiz verzichtet in seiner Rolle als Musterschüler als eines der wenigen Länder auf die Anrechnung der Wälder als CO_2-Senke. Andere Länder waren in der Formulierung ihrer Ziele weit fantasievoller. So lässt sich zum Beispiel Brasilien als Leistung anrechnen, das illegale Abholzen bis ins Jahr 2030 zu unterbinden.

Den Entwicklungsländern wird zu Recht zugestanden, dass sie dem Aufbau ihrer Wirtschaft eine höhere Priorität einräumen dürfen als der CO_2-Reduktion. Dies trifft vor allem für Indien zu, welches die Industrialisierung des Landes vorantreiben muss, um den 1.7 Milliarden Einwohnern eine Perspektive zu bieten. Indien definiert keine Reduktionsziele, sondern bietet an bis ins Jahr 2030 seine Emissions-Intensität gegenüber dem Brutto-Inlandprodukt um 33 bis 35 % zu reduzieren. In der gleichen Erklärung geht man davon aus, dass Indien sein BIP bis 2030 mindestens verdreifachen wird. Im Klartext bedeutet das, dass es seine Treibhausgas-Emissionen bis 2030 mehr als verdoppeln darf. In absoluten Zahlen ist das eine Erhöhung der jährlichen Emissionen von 2 Milliarden Tonnen auf mindestens 4 Milliarden Tonnen. Hier wird die Bedeutungslosigkeit eidgenössischer Bemühungen erst richtig sichtbar (Abbildung 28). Die Klimaziele von Indien und China werden als vorbildlich erachtet, obwohl deren Emissionszunahmen die Reduktionen der EU und der

USA bei weitem übersteigen. Zudem wird Deutschland mit der gegenwärtigen Energiepolitik die von der EU gesetzten Ziele nicht erreichen. Der angezeigte Absenkpfad ab 2010 wird einzig von den USA eingehalten. Der Beitrag der Schweiz ist so gering, dass er auf Abbildung 28 angesichts der vertikalen Skala mit Schritten von 3.5 Milliarden Tonnen gar nicht richtig dargestellt werden kann.

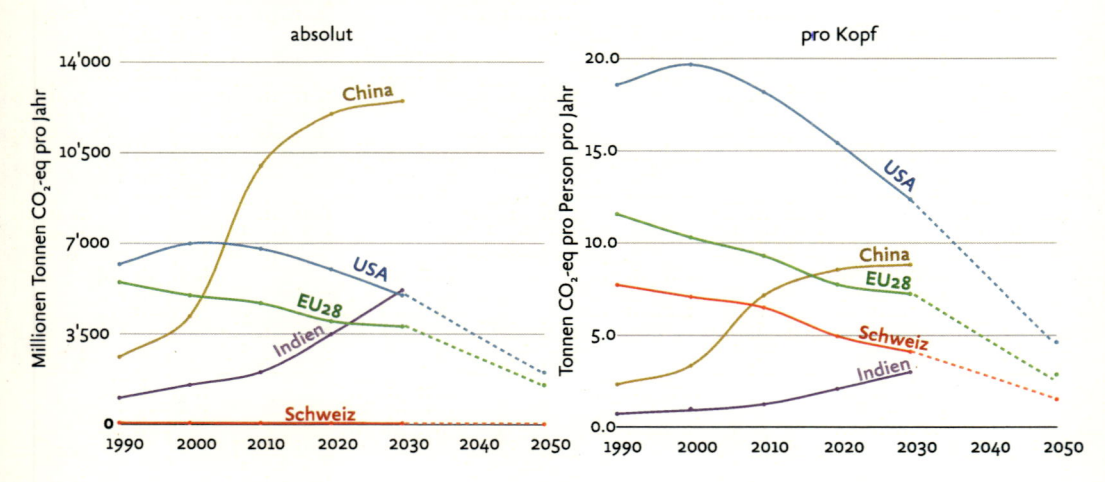

Abb. 28: Treibhausgasemissionen ausgewählter Länder. Ab 2010 Zielpfade gemäss COP$_2$-Reduktionsvereinbarung. China und Indien machen über 2030 hinaus keine Angaben zur weiteren Entwicklung. Zielpfade China und Indien geschätzt. Beide Länder sind keine Reduktionsverpflichtungen, weder in relativen noch absoluten, Mengen eingegangen.

Die Treibhausgasbilanzierung gemäss UNFCCC bezieht sich auf den Ort der Produktion, jedoch nicht auf den Ort des Konsums. So werden sehr viele Produkte, die in den OECD Ländern konsumiert werden, in Ländern produziert die eine Industrialisierung durchlaufen. Deren Emissionen steigen entsprechend an. Die Schweiz weist von allen Industrieländern die niedrigsten Pro-Kopf-Emissionen aus. Der Grund dafür sind nicht alleine die fortgeschrittene Elektrifizierung und die Art der Stromproduktion. Die Schweiz hat nur eine bescheidene Schwerindustrie mit verhältnismässig wenigen energieintensiven Produktionsstätten wie Giessereien, Zementwerken, Papiermühlen. Die grösste Wertschöpfung in der Schweiz wird mit Dienstleistungen und Produkten geringer Energieintensität generiert.

Umso mehr werden energieintensive Produkte, also Produkte mit einem grossen Rucksack an grauer Energie importiert. Als graue Energie bezeichnet man die Energie, die zur Herstellung eines Produkts aufgewendet werden musste, aber nicht bilanziert ist. Zählt man die mit Produkten importierten Emissionen dazu, ergibt das rund doppelt so hohe THG-Emissionen. Damit gehört die Schweiz plötzlich nicht mehr zu den Musterschülern und rückt zu den anderen hochentwickelten Ländern auf. Vom Bundesamt für Statistik wurde diese Zahl letztmals für das Jahr 2011 mit 108.3 Mio. Tonnen CO_2-eq angegeben[32]. Zwischen 1997 und 2010 erhöhten sich die konsumbasierten Treibhausgas-Emissionen um 12%. (Abbildung 29). Neuere Zahlen liegen nicht vor. Die Tendenz entspricht in erster Näherung dem Bevölkerungswachstum. Die konsumbasierten Emissionen blieben mit rund 13 Tonnen pro Kopf im Wesentlichen konstant. Eine starke Änderung dieser Tendenz ist nicht erkennbar. Ein Klima-

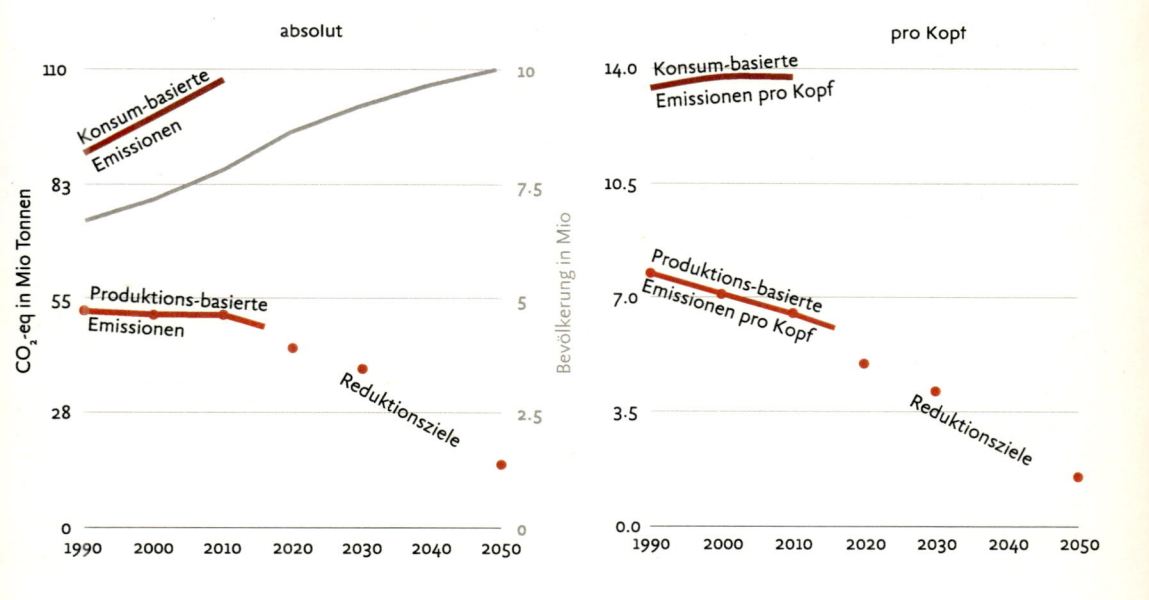

Abb. 29: Links: Schweizerische Produktions- und konsumbasierte Treibhausgas-Emissionen mit Reduktionszielen; Bevölkerungswachstum in grau. Rechts: Emissionen pro Person mit Reduktionszielen

ziel von 1.5 Tonnen CO_2 pro Person rückt in unerreichbare Ferne. Will man die gesetzten Klimaziele ohne Konsumverzicht erreichen, ist das am einfachsten mit einer weiteren Auslagerung der Produktion ins Ausland. Dass dies volkswirtschaftlichen Schaden anrichten kann, erfährt zurzeit noch keinen politischen Widerstand.

Methoden, die inländischen Emissionen zu exportieren, gibt es einige:

Tanktourismus

Ein wenig beachteter Export respektive Re-Import von Treibhausgasen ist der Tanktourismus. Mit der herrschenden Frankenstärke haben sich die Treibstoffpreise beidseits der Grenzen nahezu angeglichen und den Tanktourismus praktisch zum Erliegen gebracht[33]. Der Rückgang findet seit 2008 statt und hat alleine beim Benzin den Treibstoffverbrauch der Schweiz um 4 % reduziert (Abbildung 30). Mit der Aufgabe des Euro-Mindestkurses Anfangs 2015 sackte der Tanktourismus beim Benzin gleich um weitere 200 Millionen Liter und beim Diesel um 40 Millionen Liter ein. Der Effekt auf die Emissionen ist eine Reduktion von 1.5 Mio. Tonnen CO_2, ein Reduktionsbeitrag von respektablen 3 %. Im gleichen Zeitraum gingen die schweizerischen THG-Emissionen von 54.2 Tonnen auf

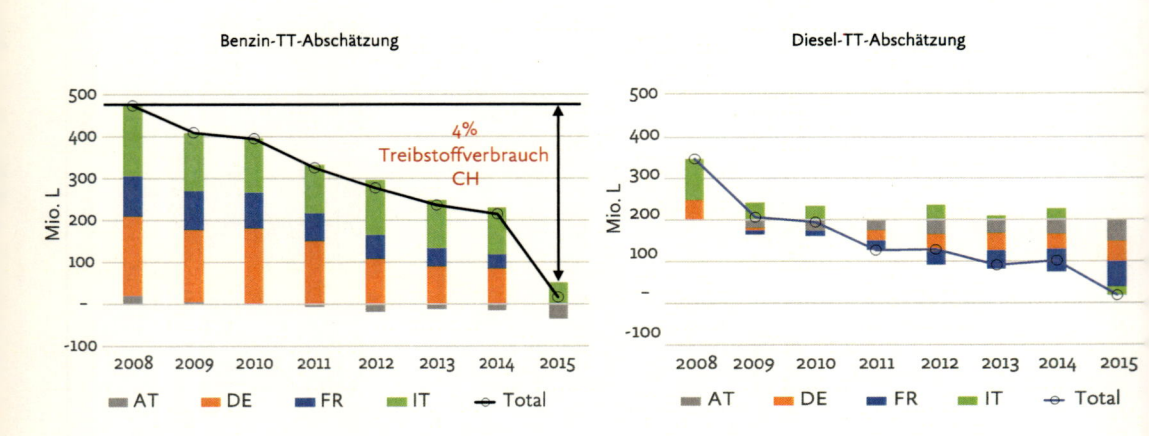

Abb. 30: CO_2-Reduktion dank Einbruch des Tanktourismus (Quelle: Keller, M., 2015)

48.14 Tonnen zurück, eine Reduktion von 11%. Rund ein Viertel dieser Reduktion ist also dem wegfallenden Tanktourismus zuzuschreiben.

Die Aussage, dass sich das BIP erfreulicherweise vom THG-Fussabdruck abgekoppelt habe, ist trügerisch. Wie bereits erwähnt ist der Anteil energieintensiver Betriebe im Vergleich mit grossen Industrienationen bescheiden. Der Energieverbrauch der Industrie beträgt nur 18.4% des schweizerischen Gesamtenergieverbrauchs. Bei anhaltender Frankenstärke bleibt die Tendenz bestehen, die industriellen Produktionen in günstigere Länder auszulagern. Eine Deindustrialisierung ist den Klimazielen förderlich, volkswirtschaftlich allerdings problematisch, für eine globale Reduktion dürfte sie kontraproduktiv sein. Bei der Produktion in Billigländern kommen weniger effiziente Maschinen zum Einsatz. Für den Umweltschutz gibt es geringere Auflagen. Wenn die Produkte dann bei uns importiert werden, fällt der Rucksack grauer Energie in der nationalen Klimabilanzierung weg.

Dasselbe gilt beim Stromimport. Mit dem Wegfall der Kernkraftwerke wird der Stromimport steigen. Die neuen Erneuerbaren, insbesondere Wind und Solar, werden vermutlich den steigenden Bedarf kompensieren können, doch niemals den wegfallenden Atomstrom substituieren. Aus heutiger Sicht scheint eine Substitution mit Gaskraftwerken am realistischsten. Für die Versorgungssicherheit wäre der Bau von Gaskraftwerken im Land am vorteilhaftesten. Das Risiko saisonaler Lieferengpässe über die Grenze erscheint für Gas geringer als für Strom. Entsprechend würden aber die Emissionen ansteigen, die Klimaziele wären mit Sicherheit nicht zu erreichen. Mit jeder TWh Gasstrom erhöht sich die Treibhausgasbilanz um eine halbe Million Tonnen, resp. 1% der gegenwärtigen Emissionen. Zur ersetzen gilt es 25 TWh Atomstrom. Mit Gasstrom würden sich die heutigen Emissionen um 50% erhöhen. Als Alternative bleibt der Stromimport. Der europäische Strommix ist mit Gasstrom vergleichbar. Beim Import bleibt diese Belastung jedoch jenseits der Grenze. Ganz gemäss den Richtlinien der Klimaratkonvention. Aus diesem Grund wird Import das Rennen machen.

Dass der Strombedarf in der Schweiz sinken wird, ist unrealistisch. Die Tendenz zur Elektrifizierung des Strassenverkehrs, die Vollautomatisierung der Produktion, die zunehmende Digitalisierung und das Heizen mit Wärmepumpen deuten klar auf einen zunehmenden Stromverbrauch. Diese Entwicklungen bringen vor Ort natürlich eine messbare CO_2-Reduktion. Wird dieser Strombedarf mit dreckigem Importstrom gedeckt, ist der Effekt wiederum derselbe: Den nationalen Zielen kommt man näher. Der globale Effekt ist negativ.

Längst erkannt ist die Problematik des internationalen Flugverkehrs. Diese Emissionen tauchen in keiner nationalen Klimabilanz auf. Daran wird sich so schnell kaum was ändern. Die IATA (International Air Transport Association; Dachverband der Fluggesellschaften) anerkennt, dass durch die weltweite Fliegerei rund 2 % oder jährlich 815 Mio. Tonnen an Treibhausgasen emittiert werden. Das sind 16 Mal die THG-Emissionen der Schweiz. Der Verband bemüht sich um effizientere Flugzeuge und will den Verbrauch durch geschickte Wahl der Flugrouten senken. Das sind natürlich, schon rein ökonomisch, vernünftige Bestrebungen. Klimaziele im Sinne einer Senkung der Emissionen sind das nicht. Die IATA geht davon aus, dass der Flugverkehr bis in Jahr 2050 nicht mehr als 3 % zu den globalen Emissionen beitragen sollte. Das ist ein unmissverständliches Statement, dass der Flugverkehr keinen Reduktionsbeitrag leisten wird.

Die Schweiz hat sich in ihren nationalen Reduktionszielen freiwillig dazu bereit erklärt, auch Emissionen aus Luft- und Seefahrt in ihre Reduktionsziele einzubinden, falls es auf diesem Gebiet zu einer internationalen Regelung kommen sollte.

8.8 Wirkung von Emissions-Reduktionen

Unter der Annahme, dass die Wirkungen anthropogener Treibhausgase in vollem Umfang zutreffen, wie sie das IPCC beschreibt, ist es von Interesse, wie die gleiche Institution die Wirkung der abgestrebten Treibhausgas-Reduktionen beurteilt. Wie sinnvoll ist zum Beispiel das Ziel der Schweiz, ihre THG-Emissionen innerhalb von 17 Jahren praktisch zu halbieren? Das ist nicht nur im Umfang ambitioniert, sondern auch betreffend Zeitvorgabe. Ist ein solch rasches Handeln überhaupt zielführend? Das IPCC hat das Gedankenspiel gemacht, wie sich ein sofortiger Stopp aller Emissionen auf das globale Klima auswirken würde:[34]

Die Veränderungen der Gas-Konzentrationen in der Atmosphäre würden natürlichen Zerfallsfunktionen folgen. Wie lange sich Treibhausgase in der Atmosphäre halten variiert über einen breiten Zeitraum von wenigen Tagen bis zu Tausenden von Jahren. Aerosole haben eine Aufenthaltszeit von wenigen Wochen, das reaktive Methan eine mittlere Lebensdauer von rund 10 Jahren. Eine Aufenthaltszeit von CO_2 zu definieren ist wesentlich komplizierter, da es in vielfältigen biochemischen und physikalischen Prozessen fortlaufend umgewälzt wird. Die mittlere Verweildauer ist eine mathematische Grösse, die sich aus dem Durchfluss und einem Speichervolumen berechnet (siehe Kap. 5.4). Das IPCC schätzt, dass sich 15-40 % des anthropogenen CO_2, das seit 1750 in die Atmosphäre eingetragen wurde, noch nach tausend Jahren darin befinden würden. Das sind bedeutungslose Aussagen. CO_2-Moleküle tragen kein Etikett mit Herkunftsangabe. Treibhausgase wie Methan oder Fluorkohlenwasserstoffe würden relativ rasch verschwinden, während Stickoxide erst nach etwa 50 Jahren auf vorindustrielle Konzentrationen zurückgehen würden. CO_2 würde nie mehr zu vorindustriellen Konzentrationen zurückkehren. Die Ozeane würden sich noch weiter erwärmen, bis sich ein neues Gleichgewicht im Austausch mit der Atmosphäre eingestellt hat. Daraufhin sollte sich über Jahrhunderte ein gleichbleibendes Temperaturniveau einstellen. So zumindest gemäss IPCC. Immer unter der Annahme, dass die anthropogenen Treibhausgase die dominierende Steuerschraube des Klimas sind. Diese Sichtweise wird von vielen Wissenschaftlern stark in Frage gestellt, weil die erdgeschichtliche Vergangenheit klar zeigt, dass Klimawandel die Norm und nicht die Ausnahme ist.

Noch wichtiger an dieser Analyse ist aber die implizite Aussage, dass selbst drastische Reduktionsmassnahmen innerhalb absehbarer Zeithorizonte keine messbare Wirkung zur Folge haben. Das ist angesichts der im Raum stehenden politischen Forderungen eine nicht unbedeutende Feststellung. Es macht die Finanzierung extrem schwierig, wenn Investitionen in Reduktionsmassnahmen keine messbare Wirkung haben. Dann bleibt als Motivation nur noch der Glaube an Wirkung. Damit bewegt man sich vollends in einem ideologischen Sumpf, der schwer trockenzulegen ist.

Und genauso ist die klimapolitische Debatte geprägt von Ideologie und Glauben an eine Klimarettung. Das sind Themen, welche in einer gesättigten Gesellschaft wie der unseren Platz haben. Für Menschen in aufstrebenden Volkswirtschaften – und das ist die überwiegende Mehrheit der Weltbevölkerung – ist das kein Thema.

In diesem Sinne ist es nicht nur legitim, sondern die Pflicht einer seriösen Politik, den Einsatz von Mitteln der öffentlichen Hand wohl zu überlegen und dort einzusetzen, wo eine Wirkung erzielt werden kann. Diese Diskussion hat in der Schweiz noch nicht einmal begonnen. Sie wird für die Umsetzung der Energiestrategie und die Umsetzung der Klimapolitik von entscheidender Bedeutung sein.

Bjorn Lomborg ist ein dänischer Statistiker und Politwissenschaftler. Er hat die Klimawirkung aller in Paris beschlossenen Massnahmen nach den Klimamodellen des IPCC nachgerechnet. In seinem peer reviewed paper mit dem Titel «Impact of Current Climate Proposals»[35] weist er nach, dass im unwahrscheinlichen Falle, dass alle Unterzeichnerstaaten ihre Reduktionsverpflichtungen vollständig erfüllen, die Erderwärmung im worst case-Szenario RCP 8.5 am Ende dieses Jahrhunderts um 0.17°C geringer ausfallen würde. Dabei ist nochmals darauf aufmerksam zu machen (siehe Kap. 8.4 Klimamodelle), dass der RCP 8.5 kein realitätsnahes Szenario ist. Es geht von einer Verdreifachung der heutigen Treibhausgaskonzentration aus. Eine Verdreifachung würde den Eintrag von mindestens 1600 Milliarden Tonnen Kohlenstoff in die Atmosphäre bedeuten. Das entspricht ungefähr zwei Mal den nachgewiesenen Kohlereserven der Welt oder etwa 500 Jahren Verbrennung von Kohle nach heutigem Verbrauch. Es ist bedauernswert, dass in den IPCC-Berichten die Unwahrscheinlichkeit dieses Szenarios mit keinem Wort erwähnt wird.

Der Anteil der Schweiz an den globalen Emissionen liegt in der Grössenordnung von einem Promille. Wenn die Schweiz wie alle anderen Länder ihren Reduktionsbeitrag vollständig erfüllt, dürfte die Wirkung ebenfalls im ein Promillebereich zur bereits sehr bescheidenen Klimawirkung beitragen. Bei einer solch schwachen Wirkung sowohl globaler und insbesondere lokaler Massnahmen muss die Frage gestellt werden, ob die Investition in Reduktionsmassnahmen der richtige Weg ist, oder ob man nicht besser in Anpassungsmassnahmen an ein wärmeres Klima investieren sollte. Diese Diskussion wird effektiv vom IPCC auch geführt. Auch der Weltklimarat unterscheidet in Massnahmen zur Treibhausgasreduktion, «Mitigation», und Anpassung an den Klimawandel, «Adaption».

8.9 Mitigation & Adaption

Während das IPCC die Ursachen der Klimaerwärmung weitgehend auf menschengemachte Treibhausgasemissionen zurückführt, ist sich die Institution über deren Auswirkung nicht im gleichen Masse sicher. Das geht aus einigen Stellungnahmen des Synthese-Berichts[36] wie zum Beispiel dieser hervor:

«Seit ungefähr 1950 wurden viele Veränderungen bei Wetter- und Klimaereignissen beobachtet. *Einige* dieser Veränderungen wurden mit menschlichen Einflüssen in Zusammenhang gebracht, darunter eine Abnahme von Kälteextremen, eine Zunahme von Hitzeextremen, eine Zunahme von marinen Hochwasserextremen und eine Zunahme von Starkniederschlägen in einer Anzahl von Regionen.»

Ein Nachweis, worauf die Wetterextreme zurückzuführen sind, kann nicht erbracht werden. Es bleibt bei der Vermutung. Wetterextreme entstehen dort, wo grosse Temperatur- und Druckunterschiede existieren. Die gesamte Dynamik des Wettergeschehens beruht auf dem konstanten Bestreben, Druck- und Temperaturunterschiede auszugleichen. Verändert sich das Temperaturniveau auf der ganzen Erde, nimmt die Wetterdynamik nicht zu. Von einer Erhöhung der Wetterdynamik kann ausgegangen werden, wenn sich die Einstrahlung lokal verändert.

Die statistischen Belege dazu sind allerdings nicht so klar wie gewünscht. So hat zum Beispiel die Aktivität der Hurrikane, welche regelmässig aus der Karibik herkommend auf das nordamerikanische Festland auftreffen, im letzten Jahrzehnt nicht zu-, sondern abgenommen. Solche Aussagen sind immer mit einem Zeitrahmen zu betrachten. Wählt man nur das Zeitfenster der letzten beiden Jahre, hat die Hurrikan-Tätigkeit gegenüber dem letzten Jahr massiv zugenommen. Hier zeigt sich die natürliche Variabilität der Wetterphänomene. Es ist ausserordentlich schwierig, ein zuverlässiges Signal herauszufiltern, das dem Klimawandel zuzuordnen ist. Es ist überhaupt nicht glaubwürdig, wenn dann jedes einzelne grössere Sturmereignis oder Wetterphänomen als «smoking gun» herhalten muss, dass dies jetzt ein klares Zeichen des Klimawandels sei. Das ist nichts Anderes als schlechte Wissenschaft.

Wenn schon der Beweis des Zusammenhangs zwischen anthropogenen Treibhausgasen und Klimaerwärmung nach den harten Regeln der Wissenschaft nicht erbracht werden kann und «nur» auf einem Konsensus beruht, werden alle weiteren Folgerungen wie eben die Zunahme von wetterbedingten Katastrophen immer schwieriger glaubhaft zu verkaufen sein. Vollends versagen muss dann die Herleitung, dass negative Wetterphänomene mit der Reduktion von Treibhausgasen verhindert werden. Das sind dann nicht mehr nachvollziehbare Annahmen.

Hier stellt sich die Frage der Wirkung einer Massnahme. Auch wenn die Zusammenhänge alle plausibel erscheinen: Wir verhalten uns sparsamer, dann verringert sich unser negativer Einfluss auf die Natur, verringern sich die negativen Auswirkungen. Das ist ungenügend für einen rationalen Investitionsentscheid in Reduktionsmassnahmen. Spätestens wenn echtes Geld fliessen muss, will der Geldgeber Rechenschaft über die Wirkung der Massnahme.

Einfacher zu begründen ist eine Massnahme, welche einen vorstellbaren Schaden verhindern kann. Wenn man zum Schluss kommt, dass es in Zukunft vermehrt Starkregen geben soll und Überschwemmungen wahrscheinlicher werden, wird man mit einer Investition in den Hochwasserschutz mehr erreichen als mit einer CO_2-Entfernungsanlage (siehe Kapitel 11, Grüne Sünden).

Der wesentliche Unterschied zwischen Adaption (Anpassung an den real existierenden Klimawandel) und Mitigation (Minderung des menschengemachten Einflusses auf den Klimawandel) ist die Wirkung. Bei der Adaption ist eine Wirkung gegeben, bei der Mitigation bleibt sie fraglich.

Anstrengungen und Investitionen zum Schutz vor wetter- und klimabedingten Ereignissen ist so alt wie die Menschheitsgeschichte. Das IPCC versteht unter Adaption den zusätzlichen Bedarf an Schutzmassnahmen für angekündigte Veränderungen. Dass menschliche Eingriffe in die Natur wie grossräumige Abholzung, landwirtschaftliche Übernutzung mit Bodenerosion, Grundwasserübernutzung in überschwemmungsgefährdeten Deltas weitaus grössere Auswirkungen auf die Umwelt haben und grössere wirtschaftliche Schäden anrichten, steht in diesen Berichten nicht.

Bei den Reduktionsmassnahmen wird die Wirkung selbst vom IPCC stark relativiert. Das geht aus folgendem Statement im Synthese-Bericht hervor: «Viele Aspekte des Klimawandels und daraus hervorgehende Wirkungen werden sich noch über Jahrhunderte fortsetzen, selbst wenn menschengemachte Treibhausgasemissionen gestoppt werden.» Diese Relativierung ist nachvollziehbar. Sie bestätigt nichts anderes als die ordentliche Trägheit des Systems Erde in seinem vollen Umfang. Es bestätigt auch, dass noch längst nicht alle Rückkoppelungsmechanismen begriffen sind, weder die verstärkenden noch die dämpfenden.

Diese Komplexität kann auch den glühendsten Verfechtern einer sofortigen Energiewende nicht entgangen sein. Deshalb darf man sich bei vielen «grünen» Forderungen die Frage stellen, ob hinter den Energiewendezielen nicht andere Absichten stecken. Dazu im Folgenden das Beispiel der Klimaallianz Schweiz, welche die Interessen der namhaften Nichtregierungsorganisationen Greenpeace, WWF, Energiestiftung sowie der Grünen Partei, der SP und vielen anderen Umweltinstitutionen vertritt. In ihrem Klima-Masterplan Schweiz fordert die Klimaallianz nicht weniger als die Vision Netto-Null-Emissionen.

Im Masterplan wird zunächst festgestellt, dass die Treibhausgas-Emissionen in den letzten Jahrzehnten sprunghaft angestiegen sind und dass die Klimaerwärmung immer mehr Schaden anrichte. Die erste Feststellung ist richtig. Die Feststellung, dass eine Klimaerwärmung stattfindet, ist auch noch richtig, doch bei der Zuordnung der Schäden wird es bereits schwammig. Dass viele Schäden auf eine Übernutzung der Natur zurückzuführen sind, die nicht in einem Zusammenhang mit der Klimaerwärmung stehen, stellt auch die Klimaallianz fest. Dazu sind Schäden erwähnt, welche [noch] nicht stattgefunden haben. Das sind reine Spekulationen. Die Fehlüberlegung kommt aber dann, wenn sie fordert, dies mit einem Null-Treibhausgas-Emissionsziel zu bekämpfen.

Das Null-Ziel ist eine wenig überlegte und vor allem nicht zu Ende gedachte Forderung. Erstens schon einmal, weil nur ein Teil der Treibhausgasemissionen aus dem Gebrauch fossiler Ressourcen stammt. Und zweitens, weil beim Verzicht auf fossile Ressourcen einfach andere Rohstoffe geplündert werden müssten. Werden diese dann noch für physikalisch ineffiziente Systeme verwendet, bedeutet das in der Summe für die Umwelt einen Rück- und keinen Fortschritt. Ein Null-Treibhausgas-Ziel, das als einzige Forderung die Stabilisierung des Klimas hat, klammert sämtliche anderen Konsequenzen aus.

Das Problematische an den Klimazielen ist die völlige Ausblendung wesentlich dringenderer Umweltprobleme. Die Klimaallianz erwähnt sie sogar. Die Übernutzung von Böden und Wässern, der Raubbau und die unkontrollierte Verdünnung seltener Rohstoffe über das ganze Ökosystem. Das gerät völlig unter die Räder, weil man sich in bereits manischer Weise auf das CO_2 fokussiert.

Die Umweltprobleme in Entwicklungsländern treffen in erster Linie die unterprivilegierten Bevölkerungsgruppen. Auswirkungen, die man dem Klimawandel anlasten kann, treffen arme Menschen oft härter. Ein Beispiel ist die Gefährdung vieler Menschen durch steigende Meeresspiegel. Akut ist dieses Problem in Bangladesch. Im Ganges/Brahmaputra-Delta leben über 150 Millionen Menschen praktisch auf Meeresspiegelhöhe. Ein Meeresspiegelanstieg von 20 bis maximal 40 cm bis Ende des Jahrhunderts (RCP4.5-RCP8.5) würde sehr viele Küstenbewohner zur Migration in höher gelegene Regionen zwingen. Die Klimavereinbarungen in Paris beinhalten auch Verpflichtungen reicher Länder, sich bei der Lösung in armen Ländern zumindest finanziell zu beteiligen. Es ist leider nicht klar, in welcher Art und Weise dies umgesetzt werden soll.

In Anbetracht direkter Umweltschäden ist der klimabedingte Meeresspiegelanstieg von 20-40 cm in achtzig Jahren ein beinahe vernachlässigbares Phänomen. Die wahre Bedrohung im Delta ist die Übernutzung des Grundwassers, das zu einer viel grösseren Absenkung in kürzerer Zeit führt. Dabei werden nicht nur grosse Gebiete unbewohnbar gemacht. Sie sind durch die Versalzung des Grundwassers auch landwirtschaftlich nicht mehr nutzbar.

Problematisch sind die Reduktionsziele auch hinsichtlich viel akuterer Herausforderungen, zum Beispiel durch die Verschmutzung der Gewässer mit Fäkalien, Müll und vor allem Plastikabfällen. Plastikabfälle durchdringen die ganze Nährstoffkette der Meere. Das verstärkt das bereits bestehende Problem der Überfischung zusätzlich.

Weniger löblich wäre die Motivation des Masterplans, wenn es eigenen Projekten in erneuerbaren Energien dient. Neue Erneuerbare werden in Zukunft mit Sicherheit ihren Teil zur Deckung des Energiebedarfs beitragen. Eine dauerhafte Subventionierung der neuen Erneuerbaren ist jedoch nicht zielführend. Anhaltende Marktverzerrungen durch staatliche Eingriffe schwächen die Versorgungssicherheit. Auf die Dauer funktionieren freie Märkte besser. In Deutschland zeigt der grosse staatliche Eingriff in den Energiemarkt, dass das zur Erreichung der Reduktionsziele kontraproduktiv ist.

9 Reduktionsmethoden

Treibhausgas-Reduktionsmethoden lassen sich grob in vier Gruppen unterteilen:
1. Verzicht
2. Effizienzsteigerung
3. Aktive Abscheidung
4. Substitution

9.1 Verzicht

Die naheliegendste Art und Weise, CO_2-Emissionen zu senken, ist, auf die Verbrennung fossiler Ressourcen ersatzlos zu verzichten. Dass dies nicht möglich ist, sei hier nicht mehr weiter diskutiert. «Die billigste Kilowattstunde ist die nicht gebrauchte Kilowattstunde». Dieser verführerische Slogan verkennt, dass der Gebrauch von Energie das Rückgrat jeglicher Zivilisation ist. Ein Verzicht auf Energie ist nicht erstrebenswert.

Freiwilliger Verzicht benötigt eine Ideologie. In einer wohlstandsgesättigten Gesellschaft kann die Forderung nach Verzicht eine faszinierende Option darstellen. Der nostalgische Traum vom einfachen Leben ist legitim. Er ist vermutlich am ehesten vorhanden in einer Generation, welche den ununterbrochenen wirtschaftlichen Aufstieg seit Ende des Zweiten Weltkriegs als Normalfall erlebt hat, in einer Generation, die materiell nie auf etwas verzichten musste und auch materiell nichts vermisst. In einer solchen Gesellschaft haben politische Vorstösse, die den Verzicht predigen, sogar an der Urne eine Chance.

Der Traum vom einfachen Leben ist vermutlich weniger vorhanden bei Menschen, die irgendwann in unser Land migriert sind und sich in diesem prosperierenden Umfeld ein besseres Leben aufbauen konnten, als es in ihrem Herkunftsort je möglich gewesen wäre. Bei Menschen in wirtschaftlich weniger verwöhnten Ländern und bei Menschen in aufstrebenden Nationen, das sind grob gerechnet 80 % der Weltbevölkerung, haben Ideologien des Verzichts nicht die geringste Chance.

Es darf mit einiger Wahrscheinlichkeit davon ausgegangen werden, dass Verzicht auf internationaler Ebene keine erfolgreiche Strategie ist.

9.2 Effizienzsteigerung

Effizienzsteigerung ist der Grundauftrag jedes Ingenieurs. Der Wunsch nach Effizienz basiert auf der rein ökonomischen Überlegung, mit einem geringeren Verbrauch an Energie einen höheren Nutzen zu erzielen und sich so einen Wettbewerbsvorteil gegenüber seinen Konkurrenten zu verschaffen. Dieser Auftrag bedarf keiner einzigen Regulierung oder Förderung. Effizienzsteigerung wird auch das Motiv sein, von der nicht nur dreckigen, sondern auch der ineffizienteren Kohle auf Gas umzustellen. Aus physikalischer Sicht wäre die Stromproduktion mit Kernenergie am effizientesten. Doch dazu mehr im Kapitel, wie eine Post-C-Welt aussehen könnte.

9.3 CO_2-Abscheidung und -Speicherung

Ich hatte das Privileg, über einige Jahre in einer Studiengruppe mit dem Namen «Kraftwerk 2020» mitzuarbeiten. Das Ziel war, ein CO_2-freies Gaskraftwerk zu entwickeln. Es wurden alle erdenklichen Technologien diskutiert und untersucht. Zur Diskussion stand ein «pre-combustion-capture»-Konzept, in welchem Vattenfall und Siemens engagiert waren. Bei diesem Verfahren sollte Kohle vor der Stromerzeugung vergast und in mehreren Schritten vorwiegend der Wasserstoff zur Verbrennung gelangen. Das CO_2 würde vorgängig abgetrennt. Dieses Konzept wurde im Projekt ENCAP verfolgt, das jedoch nach 2008 nicht mehr weitergeführt wurde. Die Technologie ist immer noch in einem Frühstadium der Entwicklung. Am weitesten fortgeschritten scheint die Demonstrationsanlage des Osaki CoolGen-Projects in Japan zu sein. Gleichfalls in Entwicklung, jedoch noch nicht in Anwendung sind «post-combustion-capture»-Konzepte, bei welchen CO_2 aus den Abgasen von Gasturbinen ausgewaschen wird. Diesen Projekten gemeinsam ist, dass die Abscheidung des CO_2 viel Energie beansprucht. Der Wirkungsgrad von kombinierten Gasturbinen, der heute bereits in der Grössenordnung von 60 % liegt, wird durch die Abscheidung bis zu 20 % verringert. Und dann stellt sich erst die Frage, was mit dem abgeschiedenen CO_2 überhaupt passieren soll. Naheliegend ist eine Einlagerung des Gases in leergepumpte Gaslagerstätten. Das ist technisch durchaus realisierbar. Es scheint auch nicht gefährlich zu sein. Schliesslich haben die Lagerstätten bewiesen-Erdgas über Jahrmillionen speichern zu können. Und selbst wenn ein solches Endlager für CO_2 je einmal lecken sollte, wäre das noch kein dramatisches Unglück. CO_2 löst sich in Wasser und Luft und ist kein Gift. Die Einlagerung von CO_2 ist der bevorzugte Lösungsansatz der Erdölindustrie. Mit CCS könnte die Produktion von Erdöl und Erdgas als quasi klimaneutral aufrechterhalten werden. In gewissen Lagerstätten kann mit der Injektion von CO_2 auch verbleibendes Erdöl gefördert werden. In solchen Fällen ist die Umsetzung der Technologie eine ökonomisch valable Lösung.

Trotzdem kommt CCS (carbon capture and storage) nicht vom Fleck. Die Gründe sind einerseits Umweltbedenken, aber die wichtigsten Hemmnisse sind vor allem ökonomischer Art. Der Energieaufwand einer Rückführung von CO_2 in den Untergrund ist mit beträchtlichen Kosten verbunden. So müssen zum Beispiel bestehende Bohrungen aufgrund der korrosiven Natur des Gases mit Edelstahlrohren umgerüstet werden. Der benötigte Energieaufwand ist das Gegenteil von Effizienzsteigerung. Auch in der Schweiz ist eine Einlagerung im Untergrund denkbar. Erste Untersuchungen deuten darauf hin, dass es genügend saline Aquifere gibt, die grosse Mengen aufnehmen könnten. Das sind poröse Sandsteinformationen in der Molasse, die mit ungeniessbaren Salzwässern gefüllt sind. Praktische Untersuchungen und Experimente im Untergrund gibt es jedoch noch keine. Reife Projekte sind noch nicht in Sicht. Eine Anwendung in kommerziell signifikanter Grössenordnung ist noch nicht absehbar.

Eine wesentlich einfacher nachvollziehbare Methode von aktivem CO_2-Entzug sind Aufforstungen. Das sind umsetzbare Konzepte, die eine hohe Akzeptanz geniessen und keine unbekannte Technologie erfordern. In der Schweiz sind solche Massnahmen nur noch beschränkt möglich. In Ländern mit einer jüngeren Vergangenheit der Abholzung sind das valable Massnahmen. Damit lässt sich netto einmal CO_2 aus der Atmosphäre entziehen. Wälder sind permanente Speicher im Umfang ihrer Biomasse, aber keine permanenten Senken.

Ein maschineller Entzug von CO_2 aus der Luft ist als unbrauchbarer Ansatz abzulehnen. Als lamentables Beispiel sei hier auf den CO_2-Sauger von Hinwil hingewiesen, der im Kapitel 11 «Grüne Sünden» näher beschrieben wird.

9.4 Substitution

Eine wirksame Reduktion der anthropogenen Treibhausgasemissionen ist nur mit dem Ersatz aller Verbrennungsprozesse durch andere Energiegewinnungsmethoden möglich. Das betrifft sämtliche industriellen Verfahren, welche Prozesswärme oder mechanische Energie benötigen, die mit fossilen Brennstoffen erzeugt werden, sämtliche Heizungen und der gesamte motorisierte Strassenverkehr. In der Schweiz sind das 75 % des Gesamtenergieverbrauchs.

Verbrennungsmotoren in der Industrie können durch Elektromotoren ersetzt werden. Das ist bereits weitgehend der Fall. Für die Bereitstellung von Prozesswärme ist eine Substitution von Brennstoffen schon schwieriger. In der Schweiz besteht die Tendenz, energieintensive Industrien einfach ins Ausland auszulagern.

Beim Heizbedarf werden Wärmepumpen und Sonnenkollektoren Erdöl, und Erdgas zunehmend substituieren. Diese können aus der Luft, dem Wasser und der Erde Wärme entziehen und auf ein höheres Temperaturniveau heben. Dieser Prozess erfordert elektrische Energie, aber weniger als der vergleichbare Verbrennungsprozess. In diesem Sinne ist eine Wärmepumpe effizienter. Ob das aber auch ökologisch Sinn macht, entscheidet sich nicht bei der Wärmepumpe, sondern dort, wo der benötigte Strom produziert wird.

Dasselbe gilt bei der Elektrifizierung des Verkehrs. Ein Elektromotor hat gegenüber einem Benzin- oder Dieselmotor klare Vorteile. Der Elektromotor ist wesentlich effizienter, spritziger und leiser als ein Verbrennungsmotor. Er erzeugt auch weniger Vibrationen und ist bei gleicher Leistung zudem noch kleiner. Die Einschränkung liegt bei der Leistung und Energiedichte der Batterie. In einem Kilogramm Benzin steckt rund fünfzig Mal mehr Energie als in einem Kilogramm Li-Ionen-Batterie. Der Wirkungsgrad beim Verbrennungsmotor liegt bei 25 %, beim Elektromotor ist er über 80 %. Allerdings handelt es sich bei Benzin und Diesel um Primärenergie. Primärenergie muss auch zur Herstellung von Strom aufgewendet werden. Dieser Umstand wird im Kapitel «Grüne Sünden» näher diskutiert. Allerdings kann ein Elektrofahrzeug die Bremsenergie teilweise als Strom rekuperieren, beim Benzinauto geht die Bremsenergie als Wärme verloren. Entscheidend für die ökologische Beurteilung ist schlussendlich die Herkunft des Stroms. Betreffend CO_2-Emissionen sind nur Elektrofahrzeuge ein ökologischer Gewinn, die mit CO_2-armem Strom geladen werden. Der Vergleich zwischen der Umweltfreundlichkeit von Elektro- und Verbrennungsfahrzeugen kompliziert sich noch weiter durch die unterschiedlichen Gewichte der Fahrzeuge sowie die unterschiedliche Herstellung der Komponenten. Namentlich sind das die Batterien mit ihrer beschränkten Lebensdauer.

Wie schnell und in welchem Ausmass sich die Elektrifizierung der individuellen Mobilität durchsetzen wird, ist noch nicht abzusehen. Die Art der Umsetzung ist offen. Mit dem Entscheid von Volvo, ab 2020 nur noch neue Modelle mit Elektromotoren anzubieten und der Ankündigung Frankreichs, den Verkauf von Verbrennungsmotoren ab 2040 einzustellen, sind deutliche Signale gegeben. Im November 2016 zeichneten die BMW-Gruppe, die Daimler AG, die Ford Motor Company und die Volkswagengruppe zusammen mit Audi und Porsche eine Absichtserklärung zum Bau von vierhundert ultraschnellen, Hochleistungs-Ladestationen entlang der europäischen Autobahnen. Ziel ist es, batteriebetriebenen Fahrzeugen Langdistanzreisen durch Europa zu ermöglichen. Der Knackpunkt dürften die hohen Leistungen sein, welche die Zubringerleitungen zu den Ladestationen aufweisen müssen. Der Bau einer flächendeckenden Ladestellen-Infrastruktur fordert nicht nur grosse Investitionen, sondern auch einige ingenieurtechnische Kunstgriffe, damit bei einer Vollbesetzung der Ladestationen genügend Strom geliefert werden kann. Um die Ladezeiten unterwegs signifikant zu verkürzen, braucht es Anschlüsse mit hohen Spannungen. Und wo grosse Ströme fliessen, ist auch eine Kühlung notwendig. Das ist zweifellos alles technisch lösbar, fordert jedoch wie bereits erwähnt grosse Investitionen. Die Umsetzung wird erst in Gang kommen, wenn die Verkaufszahlen von Elektrofahrzeugen stimmen.

Zunächst dürften Hybridautos das Rennen machen, da sie die Vorteile des Elektroantriebs, der Effizienz und der grossen Reichweite miteinander kombinieren und, sehr wichtig, auf keine neue Infrastruktur angewiesen sind. In der Pressemitteilung von Volvo wurde explizit auf diese Option eingegangen. Zukünftige Hybridautos werden unter Umständen nicht mehr über zwei verschiedene Antriebe verfügen, sondern nur noch über einen elektrischen Antrieb. Der Verbrennungsmotor wird dann zum laufenden Stromproduzenten an Bord. Der Vorteil liegt darin, dass der Motor dauernd auf einer optimalen Drehzahl laufen kann und dadurch effizienter läuft als im Stopp-and-Go-Betrieb. Zu Hause kann das Fahrzeug auch über das Stromnetz geladen werden. Ein solches Fahrzeug ist nicht umweltbelastender als ein rein batteriebetriebenes.

Die Entwicklung geht klar in Richtung zunehmender Elektrifizierung. Die US Energy Information Administration EIA sieht bis ins Jahr 2040 eine Zunahme in der Stromproduktion von 70 %[37] (Abbildung 31).

Die Produktion aus CO_2-armen Ressourcen (Nuklear, Hydro, Wind, Solar, Geothermie) soll sich bis 2040 verdoppeln und dann einen Anteil von 42 % an der Gesamtstromproduktion erreicht haben. Heute beträgt der Anteil CO_2-armer Stromproduktion 33 %. Die EIA geht davon aus, dass weltweit die Produktion aus Kohlestrom etwa gleich bleibt und sich

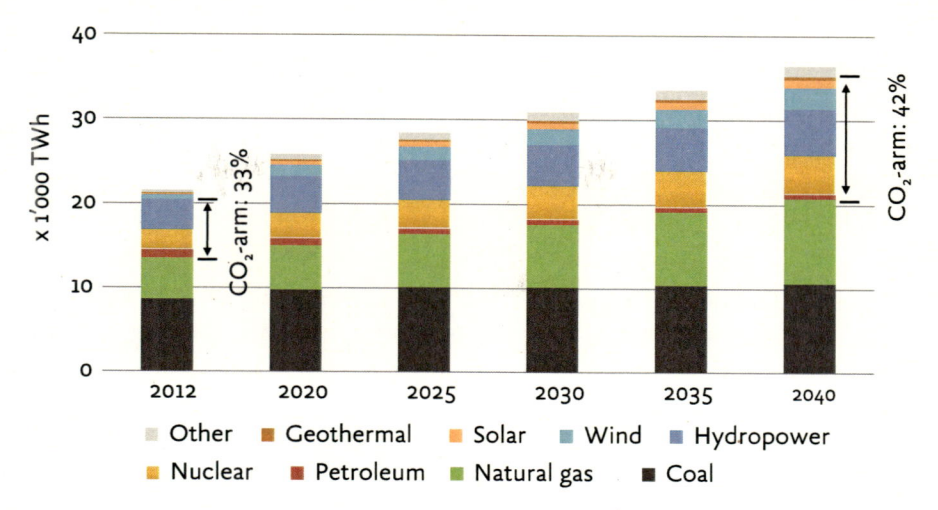

Abb. 31: EIA-Prognose der globalen Stromproduktion.

die Stromproduktion mit Erdgas mehr als verdoppeln wird. Ein ähnliches Wachstum wird für Atomstrom erwartet. Die Stromproduktion mit Windkraft wird um das Fünffache und der Solarstrom sogar um das Zehnfache zunehmen, aber im Jahr 2040 trotzdem erst 10 % der Gesamtproduktion abdecken.

Die Prognose vermittelt ein nachvollziehbares Szenario. Der Strombedarf steigt gegenüber dem weltweiten Bedarf an Energie überproportional. Treiber für die Elektrifizierung dürften neben der Elektromobilität die Automatisierung in der Industrie (Roboterisierung, Industrie 4.0) und das weitere Wachstum der Informationstechnologie sein. Der Gesamtenergiebedarf wird getrieben durch das Bevölkerungswachstum und das Wirtschaftswachstum in den Entwicklungs- und Schwellenländern. Effizienzsteigerung im Energieverbrauch in den entwickelten Ländern wird keinen wahrnehmbaren Rückgang in der Nachfrage verursachen.

Genau diese Entwicklung deutet auch die Energiestatistik der Schweiz vom Jahr 2016 an. Trotz Sparbemühungen und grossen Investitionen in Häuser mit Minergiestandard ist der Verbrauch an Brennstoffen nicht zurückgegangen. Laut dem Bundesamt für Energie (BFE) ist der Energieverbrauch 2016 um 1.9 % gestiegen. Ein wichtiger Grund dafür war die im Vergleich zum Vorjahr kühlere Witterung. Zum Verbrauchsanstieg trugen aber auch die positive Wirtschaftsentwicklung und das anhaltende Bevölkerungswachstum bei.

Noch interessanter wird es, wenn man die Medienmitteilung des BFE im Detail liest: Der Gasverbrauch stieg um 5.1%, der Stromverbrauch blieb auf dem Niveau des Vorjahres, allerdings bei einer Inlandproduktion, die um 7.8% tiefer ausfiel. Der Verbrauch an Flugtreibstoff hat um 4.7% zugenommen, während der Treibstoffverbrauch im Individualverkehr ungefähr gleichblieb. Aber nur, weil der Tanktourismus weggefallen ist. Summa summarum heisst das, dass die Energieimporte markant zugenommen haben. Die Schweizer fahren mehr Auto, fliegen mehr herum als je zuvor und konsumieren Energie nach Belieben. Das steht in komplettem Widerspruch zur Energiewende, die ja bereits begonnen haben soll. Im neuen Energiegesetz werden bis 2035 Einsparung von 43% Energie und 13% weniger Stromkonsum gefordert.

Energie ist ganz einfach im Überfluss vorhanden, ist billig und wird das auf absehbare Zeit noch bleiben. Je stärker vom Ende des Fossilzeitalters geschwärmt wird, desto sicherer bleiben Kohle, Gas und Erdöl billig und bestimmen den Preis, was Energie kosten darf. Da kann die teure Schweizer Stromproduktion schon lange nicht mehr mithalten. Und es wäre vermessen zu glauben, dass der Strom mit eigenen Windrädern und Photovoltaik konkurrenzfähiger würde. Ein steigender Import von Strom und Gas ist programmiert. Akzentuiert wird das durch den beschlossenen Ausstieg aus der Stromproduktion mit Atomkraftwerken.

Wind- und Solarstrom sind auf dem Wachstumspfad. Wo sie genügend subventioniert sind, stellen sie bereits einen substanziellen Anteil der Stromversorgung. Ideologen einer vollständig auf Sonne und Wind basierten Energiezukunft streiten sogar die Notwendigkeit von Bandlast-Kraftwerken ab. In Zukunft könne das Stromnetz alleine mit erneuerbaren Quellen stabil gehalten werden: Wind und Sonne lieferten, wenn es gehe; die Tages- und saisonalen Lücken würden mit Strom aus Speicherseen und Batterien ausgeglichen. Allfällige Versorgungslücken würden mit einer intelligenten Steuerung des Bedarfs vermieden – und überhaupt werde durch Effizienzsteigerung der Strombedarf gar nicht weiter zunehmen. Die Entwicklung aber läuft anders: Erstens haben rund zwei

Milliarden Menschen auf dieser Erde bis heute keinen Zugang zu einem Stromnetz – und wie viele an einem unzuverlässigen Netz hängen, weiss niemand. Aber alle möchten gerne unseren Wohlstand erreichen. Wohlstandswachstum ist nur mit einem höheren Energieverbrauch zu erreichen. Zusammen mit dem Bevölkerungswachstum wird sich der Energiebedarf der Welt bis Ende des Jahrhunderts also verdoppeln.

Dieser Bedarf wird mit grosser Sicherheit mit den billigsten verfügbaren Ressourcen gedeckt. Deutschland zeigt vor, welches die billigste Ressource dort ist: Braunkohle. Die missratne deutsche Energiewende ist der lebhafte Beweis, dass sich auch mit Planwirtschaft der Markt nicht ausschalten lässt. Sonne und Wind werden weltweit einen wichtigen Beitrag leisten, aber keinen dominierenden. Bandlast-Kraftwerke werden auch in Zukunft das Rückgrat jedes zuverlässigen Stromnetzes bleiben. Nicht einmal Deutschland wird sich auf die Dauer eine Energieversorgung mit parallelen Systemen, die sich wechselseitig ablösen, leisten können. Irgendwie wird übersehen, dass wir in der Schweiz eine beinahe ideal ausgewogene Stromversorgung haben. Da wären zunächst die Laufwasser- und Kernkraftwerke, die zuverlässig Bandlast liefern, und dann die Speicherkraftwerke, welche die Bedarfsspitzen decken (und nicht etwa Versorgungslücken). Durch den Ausstieg aus der Kernenergie wird dieses System auf unverantwortliche Weise aus dem Gleichgewicht gebracht und die Versorgungssicherheit der Zukunft fahrlässig infrage gestellt. Abgesehen davon ist es – neben Norwegen mit 98 % Wasserkraft – vermutlich das CO_2-ärmste Stromnetz, das möglich ist. Schon aufgrund der ehrgeizigen Klimaziele des Bundes ist der Drang nach einem Umbau unverständlich. Intelligente Steuerungen werden den Bedarf in den Haushalten etwas glätten können. Auch technische Entwicklungen und Effizienzsteigerungen gehen in Richtung eines ausgeglicheneren Bedarfs. Das spricht aber für mehr Bandlast-Kapazität, nicht etwa weniger.

Bei der E-Mobilität wird sich herausstellen, dass das Laden der Fahrzeuge vornehmlich in den Stillstandzeiten nachts stattfinden wird, genau wie das Laden der Smartphones, nur mit grösseren Leistungen. Da entsteht ein ganz neuer Bedarf an Nachtstrom. Ein gleichfalls zunehmender Strombedarf ist bei den Wärmepumpen zu orten. Dieser wird sich auf die kalten Jahreszeiten konzentrieren, hingegen keine grossen Tagesspitzen generieren. Im Sommer werden dafür Kühlsysteme mehr Strom benötigen, dies immerhin mit Tagesspitzen, die mit Solarstrom einigermassen synchron laufen. Und schliesslich wäre da noch die vierte industrielle Revolution: Wenn wir in diesem Land noch eine produzierende Industrie erhalten wollen, muss sie aus Effizienzgründen immer mehr automatisiert werden. Roboter haben keinen Achtstundentag, sie werden rund um die Uhr laufen. Dasselbe gilt für sämtliche IT-Systeme, die rund um die Uhr Strom benötigen. Der Strombedarf wird also eher zu- als abnehmen. Und der Bedarf wird wahrscheinlich ausgeglichener sein als bisher. Es leuchtet deshalb überhaupt nicht ein, weshalb man bei solchen Perspektiven auf zuverlässige Bandlast-Kraftwerke verzichten will.

10 | Weshalb Dekarbonisierung trotzdem Sinn macht

Dekarbonisierung wird die Klimaentwicklung nicht messbar steuern. Diese Erkenntnis wird sich früher oder später durchsetzen. Spätestens wenn auch die Mainstream-Medien nicht mehr darum herumkommen zu berichten, dass keine Beschleunigung der seit zweihundert Jahren stattfindenden Klimaerwärmung zu beobachten ist und dass sich der sukzessive Anstieg der Meeresspiegel in den letzten Jahrzehnten auch nicht beschleunigt hat, selbst wenn so viele Treibhausgase produziert wurden wie nie zuvor. Wenn sich diese Erkenntnis langsam durchsetzt, wird das Drohszenario in sich zusammenfallen wie das Waldsterben in den achtziger Jahren. Spätestens dann wird es eine bessere Begründung brauchen, den exzessiven Verbrauch von Kohle, Erdöl und Erdgas zu drosseln.

Solange die unmittelbare Verknüpfung von CO_2 und Klimaerwärmung die politisch akzeptierte Aussage ist, wird CO_2 als Schadstoff betrachtet werden.

Kohlendioxid als Schadstoff zu bezeichnen wurde zur politisch korrekten Aussage, als in den USA das Magazin «Scientific American» 2014 einen umfassenden Artikel mit dem Titel: «The Worst Climate Pollution is Carbon Dioxide» brachte. Verhängnisvoll war, dass die US Environmental Protection Agency (EPA) die klimawirksamen Treibhausgase CO_2, Methan, Stickoxide und die Fluorgase zusammenfasste und als schädlich bezeichnete. Ein unsorgfältiger Umgang mit dem Begriff Treibhausgas, dessen Volumina meist in CO_2-Aequivalenten angegeben wird, führt auch in den Medien oft zu einem unsachgemässen Wortgebrauch. Im englischsprachigen Raum wird CO_2 dann noch salopp als Carbon bezeichnet, was sowieso falsch ist. Der unsorgfältige Sprachgebrauch verleitete sogar Ex-US Präsident Obama dazu, in seinem climate action plan von «carbon pollution» zu sprechen, also von Karbonverschmutzung[38]. Die US Environment Protection Agency, EPA, korrigierte später, dass man «... etwas das alle Tiere und Menschen ausatmen, nicht direkt als Verschmutzung bezeichnen könne, und dass von CO_2 keine direkte Gesundheitsgefährdung ausgehe. Trotzdem hätten die grossen Mengen an Treibhausgasemissionen, deren dominanter Bestandteil CO_2 aus Verbrennungsprozessen sei, eine verschmutzende Wirkung.»

Auch Samuel Alito, Richter am US Supreme Court korrigierte, dass Kohlendioxid ein Schadstoff sei. Seine Begründung war, dass ein Schadstoff für Mensch, Tier oder Pflanzen schädlich sein muss und dass dies bei CO_2 nicht der Fall sei. Es sei für das Pflanzenwachstum unerlässlich. Jeder von uns stosse laufend CO_2 aus. Sinngemäss sagte er, wenn man CO_2 als Schadstoff bezeichnen wolle, müssten wir uns selbst als solchen bezeichnen.

Die differenzierte Sicht des neuen Leiters der US-Umweltbehörde Scott Pruitt ist bemerkenswert. Er stellt weder den Klimawandel in Frage noch beschönigt er die exzessiven Treibhausgasemissionen. Er stellt auch den Treibhausgaseffekt von Kohlendioxid nicht in Frage. Er hinterfragt nur – wissenschaftlich korrekt – die Sensitivität des Klimas auf die in den letzten Jahrzehnten stark angestiegenen CO_2-Konzentration. Der Beweis für diese unmittelbare Verbindung ist uns die Wissenschaft bis heute schuldig geblieben. Dieses Verständnis ist nämlich von grundlegender Bedeutung. Und zwar genau in Hinsicht auf die Massnahmen, um dem realen Klimawandel zu begegnen.

So kann zum Beispiel die Klimaerwärmung in den Jahren 1910 bis 1945 nicht mit anthropogenen Treibhausgas-Emissionen erklärt werden. Sie zeigt einen gleich starken Erwärmungstrend wie in der Periode 1970 bis 1998 (Abbildung 23). Und in der Periode 1998 bis 2013, mit der stärksten je gemessenen Zunahme an Treibhausgas-Emissionen, trat eine Erwärmungspause ein, die selbst das IPCC veranlasste, dazu Stellung zu nehmen.

Wenn sich schon die globale Erwärmung nicht direkt mit der ansteigenden CO_2-Konzentration in der Atmosphäre korrelieren lässt – und das ist offensichtlich der Fall – dann kann auch eine Reduktion keine direkt bremsende Wirkung auf die Erwärmung haben. Doch das ist genau das, was von den Klimapolitikern behauptet wird. Eine solche Wirkung wird beim genauen Lesen der Dokumente nämlich nicht einmal vom IPCC behauptet. Diese geben einen breiten Bereich der Temperaturentwicklung bis Ende des Jahrhunderts vor, ein Bereich, der von 2° – 4°C variieren kann. Erst in den politischen Forderungen kommen solche Behauptungen zustande.

Realisiert nämlich die Allgemeinheit langsam, dass die empfohlenen Massnahmen zur Reduktion der Treibhausgase wirkungslos bleiben werden, dürfte es einen Meinungsumschwung geben, der sich gegen die notorischen Unheilsverkünder und deren Nachschwätzer richten wird. Die Glaubwürdigkeit der Wissenschaft wird Schaden leiden. Beschlossene Massnahmen werden ins Lächerliche gezogen und im schlimmsten Falle zu einer sorglosen Energieverschwendung führen.

Spätestens dann muss eine bessere und glaubwürdigere Begründung vorliegen, weshalb sich eine Dekarbonisierung trotzdem rechtfertigt. Und zwar mit einer echten Entwicklungsstrategie, die gleichzeitig ökonomisch, wissenschaftlich und technisch Sinn macht und nicht von Ideologien und Partikularinteressen geprägt ist.

Die Verbrennung fossiler Ressourcen ist nicht nachhaltig. Man darf einfach nicht vergessen, dass unsere Zivilisation im heutigen Umfang erst damit möglich wurde. Dekarbonisierung, eine geordnete Abkehr von den Fossilen, macht Sinn, ist aber ein globales Vorhaben, dessen Komplexität und Grössenordnung massiv unterschätzt wird. Will man in weniger als einem Jahrhundert bei noch stets wachsender Bevölkerung und steigenden Ansprüchen aus den Fossilen aussteigen, ist das eine Herausforderung gigantischen Ausmasses. Mit Windrädern und Solarpaneelen alleine ist das nicht zu schaffen. Wer das meint, ist naiv.

Eine kürzlich erschienene Studie des Zentrums für Nachhaltigkeitstudien der Lund Universität in Schweden bringt es auf den Punkt[39]: Keine der empfohlenen Massnahmen würde zu einer klimawirksamen Reduktion von Treibhausgas-Emissionen führen. Eine wesentliche Verminderung wäre nur mit dem Verzicht auf Kinder zu erreichen. Die Studie rechnet vor, dass bei jedem Verzicht auf ein Kind bis zu 120 Tonnen CO_2-eq. pro Jahr eingespart würden, beim Verzicht auf ein Auto nur 2 Tonnen und bei der Umstellung auf eine vegetarische Ernährung nur eine Tonne. Solche Überlegungen sind zwar logisch, aber kaum gesellschaftsfähig.

Man darf es wohl als hochproblematisch bezeichnen, sollte sich der Staatseingriff je in solch private Bereiche ausweiten. Dann wären wir beim Stand des diktatorischen China, das 1970 die Einkindpolitik verordnete und diese erst 2015 wieder abschaffte. Aus der Luft gegriffen ist diese Befürchtung nicht, denn genau in derselben Studie wird die Diskussion geführt, wie man die Gesellschaft zum Kinderverzicht animieren könnte – und das alles zur Klimarettung mittels Treibhausgas-Emissionen.

10.1 Gewässerverschmutzung

Die wirklich dringenden Umweltprobleme geraten vollständig aus dem Fokus. Zugang zu sauberem Trinkwasser ist wohl eine der fundamentalsten Herausforderungen der Weltgemeinschaft. Dieses Problem wird mit einer sturen Durchsetzung von Treibhausgas-Reduktionen keinesfalls gelöst, sondern höchstens noch verschärft. In den meisten Ländern ist die Versorgung von Trinkwasser nur mittels Grundwasserpumpen und langen Transportwegen möglich, in vielen Ländern nur mittels Meerwasser-Entsalzung. Das sind alles unverzichtbare und energieintensive Anwendungen. Die Ernährung von bald 10 Milliarden Menschen scheint weitgehend lösbar zu sein. Das war vor wenigen Jahrzehnten nicht denkbar. Dass dies nur unter Einsatz sehr grosser Mengen erschwinglicher Energie möglich ist, scheint hartgesottene Klimaretter nicht zu interessieren.

In hochentwickelten Ländern werden Mikroverunreinigungen der Gewässer zunehmend als Problem erkannt. Die Rede ist von Rückständen aus Medikamenten und Kosmetikprodukten, die auch in den Abwasserreinigungsanlagen nicht eliminiert werden. Diese Verschmutzungen sind ernst zu nehmen. Sie stehen aber in keinem Verhältnis zu der Tatsache, dass unsere Abwässer überhaupt durch Abwasserreinigungsanlagen geführt werden und uns saubere und klare Fliessgewässer bescheren. In vielen Schwellenländern mit hohem Bevölkerungswachstum ist dies nicht der Fall. Kläranlagen gibt es dort keine. Die wird es aber brauchen und die werden Energie benötigen, genau wie bei uns. Mit dem Fokus auf eine Reduktion der Treibhausgase wird diese logische Gewichtung jedoch ad absurdum geführt.

Der Abbau von Kohle und die Ölförderung in Entwicklungsländern sind die Ursache schwerwiegender Umweltverschmutzung, weil Umweltauflagen kaum existieren oder dann nicht befolgt werden. Korruption verhindert eine wirkungsvolle Umsetzung von Vorschriften. Beim Kohletagbau fallen riesige Mengen Abraum an. In West Virginia in den Vereinigten Staaten wird das Mountain Stripping praktiziert. Bergkuppen werden bis auf die Höhe der Kohleflöze abgeräumt. Mit dem Abraum werden dazwischen liegende Täler aufgefüllt und damit natürliche Gewässer zerstört. Die Methoden werden dort von Naturschutzorganisationen bekämpft und deshalb auch publik gemacht. Es ist sehr wahrscheinlich, dass in Ländern ohne organisierte Umweltschutzorganisationen ähnliche Methoden System haben. Bei der Erdölförderung in den Mangrovensümpfen des Nigerdeltas habe ich die direkte Verschmutzung der Gewässer mit eigenen Augen gesehen. Da entstehen massive Umweltschäden. Die Böden bleiben auf Jahrzehnte verschmutzt, in den Lagunen gibt es kaum mehr Leben. Das sind wirkliche Gründe, um aus dem Gebrauch fossiler Energie auszusteigen. Das CO_2, das beim Abbrand entsteht, ist der harmloseste.

10.2 Luftverschmutzung

Kohle ist der grösste Luftverschmutzer. Beim Verbrennen von Kohle gelangen grosse Mengen von Schwefeldioxid, Stickoxiden und Russpartikel in die Luft. Der Feinstaub führt zur Smogbildung, der Schwegel zu saurem Regen. Das Problem gab es bereits seit Beginn der Industrialisierung und fand erst mit dem Ersatz der Kohleöfen durch Erdgas ein Ende. Die notorische Luftverschmutzung in den vielen Grossstädten Asiens und des indischen Subkontinents führt jährlich zu Millionen vorzeitigen Todesfällen. Im Jahr 2012 sollen gemäss einer Studie der Weltgesundheitsbehörde WHO[40] alleine 3.7 Millionen Menschen frühzeitig an verschmutzter Umgebungsluft gestorben sein, dies vor allem in ärmeren Ländern, welche die Mehrheit der Weltbevölkerung beheimaten. Die Aussagekraft solcher Statistiken ist allerdings mit Vorsicht zu geniessen. «Vorzeitige Todesfälle» ist nicht dasselbe wie unfallbedingte Todesfälle oder Todesfälle in Folge von Krankheit. Unfälle können jedermann geschehen, ungeachtet der Lebenserwartung des Betroffenen. «Vorzeitige Todesfälle» treten hauptsächlich bei kranken, geschwächten und älteren Menschen auf, deren Lebenserwartung bereits stark eingeschränkt ist.

Im selben Bericht schätzt die WHO weiter die Anzahl von Todesfällen, die auf Luftverschmutzung in Haushalten zurückzuführen sind, auf 4.2 Millionen. Damit gemeint sind Todesfälle durch Erstickung und Lungenkrankheiten, verursacht durch Hausfeuerung mit minderwertigen Brennstoffen vor allem Dung und Torf.

Diese Todesfälle sind wiederum nicht das Resultat eines übermässigen Energieverbrauchs und schon gar nicht die Folge von Klimawandel, sondern des Mangels an Energie aus hochwertigen Energieträgern oder des Mangels an geeigneten Luftreinigungsanlagen. Klimapolitik hilft sicher nicht, diese echten Missstände zu ändern, im schlimmsten Falle werden sie nur verstärkt. Um diesen Bevölkerungsschichten ein besseres und gesünderes Leben zu ermöglichen, braucht es mehr, nicht weniger Energie. Wer immer sich die Idee einer 2000 Watt-Gesellschaft ausgedacht hat, sollte mal diese Länder bereisen.

10.3 Übernutzung natürlicher Ressourcen

Fossile Energieträger sind endlich. Über die Reichweite von Kohle, Erdöl und Erdgas gibt es nicht nur viel Literatur, es gibt viele Institutionen, die sich nur mit diesen Themen auseinandersetzen. Bisher waren alle Prognosen falsch und sie werden es auch in Zukunft sein. Denn die Berechnung der Reichweite ist von so vielen Unbekannten bestimmt, dass eine Prognose nicht möglich ist. Sämtliche Peak Oil, Peak Gas und peak anderer Rohstoff haben sich nie bewahrheitet und müssen laufend revidiert werden. Ohne auf alle Faktoren einzugehen, wird der Faktor der technischen Innovation am meisten vernachlässigt. Technische Innovation war verantwortlich, dass sich die Reichweite von Ressourcen laufend erstreckt, so, wie sich mit der Entwicklung des Fracking die Erdgasreserven in wenigen Jahren vervielfacht haben.

Ein grosses Missverständnis besteht bei den Begriffen «Reserve» und «Ressource». Unter Reserve versteht man die Menge eines Rohstoffes, die man mit bekannten technischen Mitteln zu heutigen Preisen gewinnbringend produzieren kann. Erhöht sich der Preis, werden auch bekannte, aber bisher unwirtschaftliche Vorkommen attraktiv, die Reichweite der Reserven wird somit grösser. Sinkt der Preis, lohnt sich nur noch die Produktion einfach zu fördernder Vorkommen, die Reichweite der Reserven sinkt. Unter Ressourcen versteht man bekannte oder abschätzbare Mengen eines Rohstoffes, die man mit heutiger Technik erschliessen könnte, die jedoch jenseits einer wirtschaftlichen Gewinnung liegen. Wird nun eine Erfindung gemacht, welche den Rohstoff noch günstiger fördern lässt, verändert sich schlagartig die Grösse der Reserven. Und wird eine Entdeckung gemacht, dass ein Rohstoff aus völlig andersartigen Lagerstätten als bisher gefördert werden kann, erhöhen sich schlagartig die Ressourcen.

Tabelle 4 zeigt eine Zusammenfassung des aktuellen Verbrauchs von Energieressourcen und deren geschätzte Reichweite. Farbig hervorgehoben sind die Werte für Kohle und Erdgas. Es handelt sich um die beiden fossilen Brennstoffe, welcher der Welt in diesem Jahrhundert mit Sicherheit noch nicht ausgehen werden, selbst wenn man sie uneingeschränkt weiter nutzen sollte. Auf der Tabelle nicht aufgeführt ist eine weitere Brennstoffquelle, die zwar bekannt war, aber keine Technik bestand, sie zu nutzen. Die Rede ist von Methanhydrat auf den Meeresböden und im Permafrost. Der Energieinhalt der Gashydratvorkommen übertrifft die Summe sämtlicher Erdöl- und Erdgasressourcen. Eine Schätzung um wieviel ist spekulativ. Jetzt haben kürzlich chinesische und japanische

	Globaler Verbrauch 2013		gesicherte Reserven Ende 2013		Reichweite in Jahren	förderbare Ressourcen Ende 2009		Vielfaches der gesicherten Reserven
	(BP Stat. Review 14)		(BP Stat. Review 14)		bei gleichbleibendem Verbrauch	(BGR, 2009)		
Kohle	3'827	Mio Tonnen	891'531	Mio Tonnen	233	15'674'808	Mio Tonnen	x18
Erdöl (konventionell)	4'548	Mio Tonnen	230'273	Mio Tonnen	51	91'526	Mio Tonnen	x0.4
Erdgas (konventionell)	3'020	Mia m³	186'000	Mia m³	62	239'000	Mia m³	x1.3
Schiefergas			164'192	Mia m³	konv. + unconv. 116	1'719'800	Mia m³	x10
Uran	41'300	Tonnen	1'766'000	Tonnen	43	14'243'000	Tonnen	x8

Tabelle 4: Reichweite von Energiereserven und -ressourcen; Stand 2016

Medien beinahe zeitgleich Fortschritte zur kommerziellen Förderung dieser Ressource gemeldet. Gemäss der Klimapolitik der OECD-Länder dürfte an eine solche Förderung gar nicht gedacht werden. Als zusätzlich verfügbarer Brennstoff würden sich die Treibhausgas-Emissionen nur noch weiter erhöhen.

Diese jüngste Entwicklung zeigt erneut auf, dass ein Energiemangel nicht existiert, nie existiert hat und nie existieren wird. «Wir müssen aus den Fossilen aussteigen, bevor sie uns ausgehen.» Diese Argumentation trifft definitiv nicht zu. Korrekt ist hingegen die Aussage: «Fossile Energie ist endlich, aber unerschöpflich». Sollten die Ressourcen so weit genutzt sein, dass nur noch schwer erschliessbare Vorkommen vorhanden sind, erhöht sich der Preis und macht die Ressource unattraktiv. Das wäre dann der natürliche Ausstieg aus den Fossilen, der stattfinden könnte, falls betreffend Umweltbelastungen und Treibhausgasemissionen gar keine Bedenken mehr bestünden.

Nach meiner persönlichen Einschätzung sind die direkten Umweltbelastungen bei der Gewinnung von Kohle und Erdöl ein besseres Argument, um diese Ressourcen nicht mehr zu gebrauchen, als die damit verbundene CO_2-Reduktion. Saubere Luft, Gewässer und Böden haben auf Mensch und Natur einen direkten und messbaren Nutzen, eine CO_2-Reduktion nicht.

Ein unbedachter Umstieg auf ausschliesslich erneuerbare Energien hat zunächst lediglich eine Verschiebung auf andere Ressourcen zur Folge. Bei neuen Erneuerbaren ist praktisch nur von Stromproduktion die Rede. Das grösste Problem ist dessen Speicherung, die ohne massiven Einsatz neuer Ressourcen nicht möglich ist, seien das Wasserreservoirs für die saisonale Speicherung oder chemische Grundstoffe wie Lithium für die Kurzzeitspeicherung. Das Negativste eines nicht durchdachten Umstiegs auf intermittierend stromproduzierende Ressourcen ist deren geringe Energiedichte. Eine geringe Energiedichte bedeutet, dass eine grössere Energiemenge benötigt wird, um eine bestimmte nutzbare Energiemenge zu produzieren. Eine vernünftige Energiepolitik wird sich am Prinzip der EROI (Energie returned on energy invested) orientieren müssen. EROI ist ein wichtiges Konzept, das in einer Post-Carbon Welt beachtet werden muss (siehe Kap. 12). Ressourcen hoher Energiedichte mit Ressourcen geringer Energiedichte zu ersetzen widerspricht ganz einfach dem Prinzip der Effizienzsteigerung.

Ebenso widerspricht es dem Prinzip der Ressourcenschonung. Zum Verzicht reichlich vorhandener Ressourcen sollte auf die Ausbeutung spärlicher und mindestens gleich umweltbelastender Ressourcen umgestiegen werden? Der Ausbau elektrischer Netze und Speicher bedingt grosse Mengen seltener Erden und Metalle. Lithium als wichtigen Rohstoff chemischer Batterien gibt es zwar in ausreichenden und leicht abbaubaren Mengen, doch eine weltweite Durchdringung grosser Teile der industriellen Produkte mit Lithium und mit seltenen Erden erzeugt ganz neue umwelttechnische Herausforderungen.

Nahrung ist nichts anderes als Energie für Lebewesen. Ein echt übernutzter Energierohstoff ist Fisch. Als eines der wichtigsten Proteinlieferanten in der menschlichen Nahrung werden die Weltmeere systematisch überfischt. Hier wird ein gigantisches unsichtbares Ökosystem, das um ein Mehrfaches grösser ist als die Land-Ökosysteme, massiv gestört und unter Umständen sogar irreversibel verändert. Vermutlich kann der

Überfischung nur durch Fischzucht Einhalt geboten werden. Fischzucht ist allerdings mit einem grösseren Aufwand verbunden als die Direkternte aus dem Meer. Grösserer Aufwand bedeutet aktive Züchtung und Fütterung von Fisch in offshore-Fischfarmen. Auch hier bedingt eine notwendige Lösung schlussendlich einen höheren Einsatz von Energie.

Gerade bei den Beispielen zur Verbesserung der Lebensstandards zeigt es sich, dass dies nur mit einer verbesserten Energieversorgung möglich ist. Sei das der Ersatz des Dungs zum Kochen, die Wasseraufbereitung, die Nahrungsmittelproduktion – eine zuverlässige Versorgung von Energie zu erschwinglichen Preisen ist essentiell. Die Stillung dieser Bedürfnisse ist höher zu werten als die Erzielung einer Treibhausgasreduktion ohne messbare Wirkung.

10.4 Abfälle

Wenn CO_2 kein Schadstoff ist, ist es dann ein Abfallprodukt oder ein Reststoff? In Wikipedia findet man für fast alle Begriffe eine Erklärung, beim Wort Abfall ist sie überaus dürftig. Am ehesten brauchbar ist die Erklärung des englischen Begriffs «waste»: «Waste and wastes are unwanted or unusable materials. Waste is any substance which is discarded after primary use, or it is worthless, defective and of no use.» Abfall ist unerwünschtes und unbrauchbares Material. Abfall ist jede Substanz, welche nach ihrem Gebrauch weggeworfen wird, oder wertlos, defekt oder nutzlos geworden ist. Nach dieser Definition wäre CO_2 als Abfall zu werten.

Abfall ist ein Begriff, den es in der Natur jedoch nicht gibt. Jeglicher organische wie anorganische Prozess produziert eine Substanz, die im natürlichen Kreislauf wieder eine Verwendung findet. Betrachten wir einmal den Kot von Tieren. Kot ist ein Ausscheidungsprodukt, ein Reststoff, mit welchem das Tier selbst nichts mehr anfangen kann, aber für eine Vielzahl von Organismen als Nahrung und Düngung dient, bis der Kot vollständig verwertet ist.

Anthropogenes CO_2 fällt in diese Kategorie. Für uns Menschen ist es wertlos und nicht weiter verwendbar wie der Kot für das Tier, das ihn ausscheidet. Aber eben nur das spezifische Tier. Für andere Organismen ist es Rohstoff und Nahrung. CO_2 ist die unverzichtbare Nahrung aller grünen Pflanzen. Und von denen sind wir abhängig. Schadstoff, Abfall, Reststoff sind wirklich unbrauchbare Begriffe für CO_2.

Abfall im negativen Sinn des Wortes ist alles, was wir wegwerfen und das nirgends mehr Verwendung findet. Solche Abfälle produzieren wir in grossen Mengen, sei das in fester Form, flüssig oder als Gas. Bei den sichtbarsten Abfällen, dem klassischen Müll, handelt es sich meist um synthetische Stoffe. Mengenmässig ebenfalls bedeutend, aber deutlich weniger sichtbar sind auch Reststoffe aus der Gewinnung von Rohstoffen.

Das Rohmaterial vieler Kunststoffe ist Erdöl. Erdöl ist immer wieder die Ursache spektakulärer Umweltschäden, sei das bei Tankerunfällen, Unfällen auf Ölplattformen oder Anschlägen auf Pipelines. Immerhin ist Erdöl ein Naturprodukt, das an wenigen Orten der Erde auch auf natürliche Weise mit dem biologischen Kreislauf in Berührung kommt. Erdöl wird von bestimmten Bakterien abgebaut. Unter klimatisch harschen Umständen wie in arktischen Gebieten erfolgt dieser Abbau sehr langsam. Aus diesem Grund waren die Umweltschäden aus dem Tankerunfall der Exxon Valdez 1989 in Alaska weitaus gravierender als das Unglück der Aegean Sea 1992 bei La Coruna an der spanischen Atlantikküste, obwohl dort beinahe die doppelte Menge Erdöl ausfloss. Beim jüngsten Beispiel, dem Unterwasser Blow-out der Deep Water Horizon im Golf von Mexico, gelangte sogar zwanzig Mal mehr Erdöl ins Meer als in Alaska. Die Umweltschäden waren enorm, doch scheint sich die Natur in den tropischen Gewässern rascher zu erholen.

Wenn das Erdölprodukt Plastik in die Gewässer gelangt, bleibt es auf sehr viel längere Zeit als Schadstoff im biologischen Kreislauf erhalten. Plastikteile werden in beinahe allen höheren Organismen der Nahrungskette registriert. Auch unberührte Meeresstrände werden heute mit Kunststoffmüll übersät, wie jüngst ein Bild der extrem abgelegenen Henderson Island im Südpazifik zeigte. Solche Bilder sind keine Einzelfälle, sie sind nur die sichtbare Spitze eines tiefliegenden Umweltproblems.

Viele Traumstrände in Südostasien dürfen diesen Namen nur tragen, solange ein Heer von Arbeitern diese für ihre Feriengäste sauber halten (Abbildung 32). Das Ausmass der Vermüllung der Ozeane ist ein Problem, dem zu wenig Aufmerksamkeit geschenkt wird.

Abb. 32: Strand auf der Öko-Insel Phu Quoc, Vietnam

Eine weitere Belastung für die Biosphäre sind synthetische Stoffe in flüssiger Form. Das sind unsichtbare Schadstoffe. Sie lassen sich nur mittels chemischer Analysen feststellen. Die Wirkung pharmazeutischer Stoffe aus dem menschlichen Konsum wird im biologischen Kreislauf zunehmend Spuren hinterlassen. Mit der rasanten Entwicklung der Digitalisierung, deren Grenzen noch keinesfalls erkennbar sind, finden immer mehr Schwermetalle und seltene Erden eine diffuse weltweite Verbreitung.

Auf der Welt sind rund sieben Milliarden Handys im Einsatz. Deren mittlere Lebensdauer beschränkt sich auf drei Jahre. Ein Handy enthält über fünfzig Elemente, darunter Nickel, Zinn, Chrom, Blei, Neodym,

Zink, Silber, Palladium, Gold, Antimon, Titan, Bismut, Kobalt und Beryllium. Mittels Recycling können substantielle Anteile der wertvollen und teilweise auch problematischen Stoffe zurückgewonnen werden. Doch es ist nicht zu verhindern, dass mit der Verwendung seltener Erden in Milliarden von IT-Geräten eine irreversible Diffusion dieser Stoffe in die Biosphäre stattfindet. Solche Entwicklungen verändern den Planeten schneller und nachhaltiger als die Erhöhung der CO_2-Konzentration in der Atmosphäre.

Der Ausbau der Stromproduktion mit Sonne und Wind bedeutet nicht nur eine Produktion von Solarzellen und Windturbinen. Es bedeutet auch einen fundamentalen Umbau der Netzstruktur und Investitionen in Speichersysteme. Bei den Kurzzeitspeichern werden chemische Batterien eine wichtige Rolle spielen, bei der saisonalen Speicherung gibt es ausser hydraulischen Speichern noch gar keine überzeugenden Lösungen. Der Umbau der Elektrizitätsgewinnung findet statt, in welchem Masse und Geschwindigkeit lässt sich nicht vorhersagen. Was den Batteriesektor betrifft, kann aber davon ausgegangen werden, dass massiv mehr bisher wenig beachtete Rohstoffe abgebaut werden. Das betrifft in erster Linie das Leichtmetall Lithium, das zwar nicht zu den seltenen Metallen zählt, aber aufwändig gewonnen werden muss. Am einfachsten zu gewinnen ist es in Sekundärlagerstätten, wo es durch eine gezielte Absenkung der Grundwasserspiegel und Verdunstung an der Oberfläche in Salzseen angereichert wird. Diese befinden sich in trockenen und kalten Regionen. Die weltweit grössten Reserven liegen in Bolivien, Chile und China. Lithium ist in raffinierter Form sehr reaktiv und wirkt ätzend. Der Abbau und die Verwendung grosser Mengen von Lithium ist vor allem in Ländern mit geringen Umweltauflagen als problematisch zu betrachten. Entscheidend in dieser Einschätzung ist nicht die Umweltbelastung pro Tonne gewonnenen Lithiums, sondern die Umweltbelastung pro Kilowattstunde Strom, die zeitverschoben von der Stromproduktion zum Ort des Verbrauchs gelangt. Doch dazu später.

Ein besonders problematischer Reststoff aus der Energiegewinnung ist zweifellos radioaktiver Abfall. Der Abfall aus heutigen Leichtwasserreaktoren sind abgebrannte Brennstäbe. Abgebrannt bedeutet, dass deren Energieinhalt nur zu vier Prozent genutzt wurde. Mit einer Wiederaufbereitung wäre eine weitere Verwendung und bessere Ausnutzung der Brennstäbe möglich. Doch bei diesem Prozess wird aus den Brennstäben Plutonium gewonnen. Daraus kann bei genügender Menge und richtiger Zusammensetzung waffenfähiges Plutonium zusammenkommen. Zur Einhaltung des internationalen Atomwaffensperrvertrags (nuclear weapons non-proliferation treaty) ist deshalb in den meisten Ländern die Wiederaufbereitung untersagt. Dies hat zur Folge, dass die schlecht ausgenutzten Brennstäbe entsorgt werden müssen. Gerade weil sie noch so viel Energie enthalten, müssen sie über eine extrem lange Zeitdauer sicher gelagert werden. Mit dieser Hypothek ist es schwierig die hocheffiziente Kernenergie populär zu machen. Die Nuklearforschung fokussiert neben der Entwicklung sicherer Reaktoren der vierten Generation ganz klar darauf, das Brennmaterial wesentlich besser zu nutzen als auch, Thorium als Brennstoff zu verwenden. Erstens, um die Ressourcenbasis zu verbessern, aber vor allem, um die Abfallmengen zu verringern und deren Halbwertszeiten massiv zu verkürzen.

Bei der Betrachtung der Abfälle aus der Energiegewinnung ist schlussendlich deren Umweltbelastung in Bezug auf die daraus gewonnene nutzbare Energie entscheidend.

Schon bei den fossilen Energieträgern erweist sich diese Berechnung als komplex. Es sollten natürlich nicht nur die Emissionen aus der Verbrennung betrachtet werden, sondern der gesamte Prozess von der Gewinnung, Raffination bis zum Transport muss in die Berechnung einbezogen und das Resultat den Auswirkungen gegenübergestellt werden. Erst solche life cycle assessments ergeben das vollständige Bild. Ein Resultat, das aus solchen Betrachtungen hervorgeht, ist die Menge an Energie, die aufgewendet werden muss, um eine bestimmte nutzbare Energiemenge bereitzustellen. Es lohnt sich, diesen Wert EROI (Energy returned on energy invested) für alle Primärenergieträger sorgfältig durchzurechnen.

In diesem Buch kann nicht auf diesen umfangreichen Themenbereich eingegangen werden. Hier sei nur auf die beiden wichtigsten Arbeiten hingewiesen, welche sich dem Begriff EROI widmen:

Die beiden Energieingenieure Ferroni & Hopkirk weisen in einem vielbeachteten Papier über die Effizienz von Fotovoltaik-Systemen in Regionen bescheidener Besonnung[41] nach, dass unter Berücksichtigung der notwendigen peripheren Systemergänzungen die Energieausbeute über deren ganzen Lebenszyklus knapp neutral, unter Umständen sogar negativ sei. In einer Replik in derselben Fachzeitschrift widersprechen Raugei et al.[42] diesem Schluss und weisen auf eine EROI von 9-10 hin. Unter Verwendung ähnlicher Rahmenbedingungen wie Ferroni & Hopkirk sei immer noch ein EROI von 7-8 zu erreichen. Vor allem bemängeln die Kritiker, dass die Systemgrenzen unzulässig weit gefasst wurden und dass zum Beispiel auch der Arbeitsaufwand und der finanzielle Aufwand mit einbezogen wurden. Der Einbezug ökonomischer Aspekte sollte tatsächlich nicht ausgeschlossen bleiben, werden doch in der realen Welt die meisten Entscheide aufgrund ökonomischer Kriterien getroffen. Zu diesem Thema äussern sich die eigentlichen Erfinder der EROI-Betrachtungen, Hall, Balogh & Murphy[43] folgendermassen: «Die ökonomische Bewertung eines Energiesystems gilt immer nur für den bekannten Stand der Technologie». Eine Vorhersage der zukünftigen Wirtschaftlichkeit von Energiesystemen ist nicht zielführend, da weder die ökonomischen Rahmenbedingungen noch der dannzumalige Stand der Technik bekannt sein können. Und hier mag die EROI-Betrachtung weiter helfen, denn die dürfte sich aufgrund physikalischer Gesetzmässigkeiten nicht grundlegend verändern. Hall et al. versuchen, den minimalen EROI zu ermitteln, den es braucht, um einer Gesellschaft einen solchen Nutzen zu erbringen. Damit ist gemeint, einen Nutzen zu erbringen, um die wirtschaftlichen und gesellschaftlichen Funktionen aufrechterhalten zu können. Das sei der Fall bei einem minimalen EROI von drei. Gemäss Hall et al. bedeutet das, dass ein System mindestens dreimal mehr nutzbare Energie liefern muss, als in seinem gesamten Lebenszyklus hineingesteckt wird.

Es ist offensichtlich, dass damit die Diskussion zwischen Ferroni & Hopkirk mit Raugei et al. noch lange nicht abgeschlossen sein wird. Das Resultat hängt von der schwierigen Definition der Systemgrenzen ab. Muss zur Berechnung des EROI einer Photovoltaik-Anlage die Tages- wie die saisonale Speicherung mit einbezogen werden oder nicht? Ich bin überzeugt, dass die Speicherung miteinbezogen sein muss, da Energie nur einen Wert haben kann, wenn deren Einsatz einen Nutzen abwirft. Energie, die nicht gebraucht werden kann, hat keinen Wert. Solar- und Windstrom können tatsächlich praktisch ohne Grenzkosten produziert werden. Wenn der Strom jedoch zu einem Zeitpunkt produziert wird, an welchem kein Bedarf besteht, hat er keinen Wert. Trotzdem erhält nach heutiger Regelung auch unbedarfter Strom unbeirrt die gleiche Einspeisevergütung. Doch es geht noch weiter. Nach dem Merit-Order-Prinzip, bei welchem der Strom, der mit den geringsten Grenzkosten produziert wird, Einspeisungsvorrang ins Netz hat, führt zu Situationen, bei welchen Solar- oder Windstrom das Netz fluten und Strom aus Laufwasserkraftwerken abgeregelt werden muss. Das ist aktive Vernichtung hochwertiger erneuerbarer Energie zugunsten minderwertiger erneuerbarer Energie. In der Bestrebung zu höherer Energieeffizienz ist das unakzeptabel. Zur Ausmerzung solcher Fehlentwicklungen braucht es sowohl Spitzen- als auch saisonale Speicher. Spitzenspeicher sind sinnvoll am Ort der Produktion. Wäre dies nicht der Fall, würden Netze unnötig noch mehr belastet als sie es bereit sind. Eine sinnvolle Anlage wäre zum Beispiel eine Windanlage mit der kurz-, mittel- und saisonalen Speicherung beim Mast. Ein solches Komplettkraftwerk könnte genau nach Strombedarf liefern. Diskutierte Lösungen für den überschüssigen Strom sind Power to Gas, also die Produktion von Wasserstoff mittels Elektrolyse. Wasserstoff wird so zum Speicher. In geringen Mengen kann Wasserstoff dem Erdgas beigemischt und so einer Nutzung zugeführt werden. Weitere technisch machbare, aber aus ökonomischer Sicht fragwürdige Schritte wären die Methanisierung und schliesslich die Rückverstromung. Problematisch ist das, weil jede weitere Umformung eine empfindliche Reduktion des Wirkungsgrades zur Folge hat.

Der ökonomische Vorteil fossiler Brennstoffe liegt darin, dass die gespeicherte Energie in der Kohle, dem Erdöl oder dem Erdgas erst zum Zeitpunkt des Gebrauchs umgewandelt wird. Das Auto ist das beste Beispiel: Es gibt keine leichter transportierbaren, haltbaren und relativ sichereren Energiespeicher als Benzin oder Diesel. Ein voller Benzintank hat einen Energieinhalt von 600 kWh und das bei einem Gewicht von rund 50 kg. Die beste Batterie eines Tesla speichert voll geladen 100 kWh und wiegt 600 kg. Mit einem bescheidenen Wirkungsgrad von 20 % kommt ein benzingetriebenes Auto vergleichbaren Komforts 800 km weit, der Tesla mit einem viel effizienteren Elektromotor aber immer noch nur halb so weit. Elektrofahrzeuge haben eine Zukunft, aber erst für Übermorgen. Es wäre verfehlt zu meinen, damit einen wirkungsvollen Beitrag zum Klimaschutz zu leisten. Der Strom muss irgendwo vorher produziert werden. Stammt er aus einem Kohlekraftwerk, ist das schönste Elektrofahrzeug genauso «schmutzig» wie ein Fahrzeug mit einem Verbrennungsmotor. Wichtig ist bei diesem Vergleich festzuhalten, dass beim Elektrofahrzeug ein zusätzlicher Speicher geschaffen werden muss, ein Speicher, der ressourcenintensiv, schwer und nicht lange brauchbar ist. Die Herstellung und das Recycling von Batterien sind nicht nur ressourcen-, sondern auch energieintensiv. Ohne den Einbezug dieser zusätzlichen Schritte, die beim Gebrauch von Brennstoffen nicht anfallen, vergleicht man Äpfel mit Birnen.

Speicher jeglicher Art sind per Definition ein Kostenfaktor und Energiesenken. Es gibt weder den kostenlosen noch den verlustfreien Speicher. Sie machen dort Sinn, wo ein Gut zu einem bestimmten Zeitpunkt billig oder sogar kostenlos anfällt und später zu einem guten Preis verkauft werden kann.

Am günstigsten ist es, wenn es gar keine Speicher braucht. In industriellen Produktionsprozessen hat sich das Prinzip des «Just in Time» schon längst etabliert. Der Verzicht auf Lagerhaltung verschafft Wettbewerbsvorteile.

In diesem Sinne muss auch der Begriff «Abfall» erweitert werden. Beim Brennstoff sind Treibhausgase der Abfall. Wie oben diskutiert, müssten bei Wind- und Solarstrom zwingend auch die Speicherkosten dazugerechnet werden. Die graue Energie zur Herstellung, Speicherung und Entsorgung des Gesamtsystems ist der eigentliche Abfall dieser Technologien. Natürlich hat auch die Gewinnung fossiler Brennstoffe einen ökologischen Rucksack mit grauer Energie, doch fällt der in Relation zur Energiedichte leichter aus. Diesem Umstand wird zum Beispiel in der Analyse der Strommixe des BAFU[44] Rechnung getragen (Tabelle 5). In dieser Studie wurden die Kohlendioxid-Emissionen und die Treibhausgas-Emissionen, also die klimarelevanten Abfälle der gesamten Produktionskette, untersucht. In der Tabelle sind sie genormt auf Gramm CO_2 pro kWh Elektrizität. Da sind also die bescheidenen Wirkungsgrade in der Stromproduktion aus einem thermischen Prozess bereits berücksichtigt.

Stromproduktion	Gesamte Produktionskette	
	Kohlendioxid-Emissionen $g\ CO_2/kWh$	Treibhausgas-Emissionen $g\ CO_2\text{-eq}/kWh$
Erneuerbare		
Laufwasserkraft	3.2	3.6
Speicherwasserkraft	10.2	10.7
Pumpspeicherkraft	144.0	154.1
Sonne	69.6	81.6
Wind	15.8	17.2
Holz	21.6	30.0
Biogas	52.5	240.6
Kernenergie		
Druckwasserreaktor	4.9	5.2
Siedewasserreaktor	9.2	10.5
Fossile Energieträger		
Erdöl	698.0	730.7
Erdgas	516.0	585.4
Kohle	969.5	1'093.0

Tabelle 5: CO_2- und Treibhausgasemissionen der Stromproduktion; Quelle: BAFU, 2012[45]

Nicht überraschend stechen die fossilen Energieträger mit einem schweren ökologischen Rucksack heraus. Bemerkenswert ist dort allenfalls, dass Erdgas bei gleicher Leistung 40 % weniger CO_2 produziert als Kohle. Der Umstieg von Kohlekraftwerken auf Gaskraftwerke hat den USA erlaubt, ihre Emissionen mehr zu senken als vermeintliche Vorbildnationen wie Deutschland. Und zwar ganz ohne internationale Klimaabkommen und erst noch billiger. Für diese Senkung war keinerlei staatliche Förderung notwendig.

Wenn nun Präsident Trump aus dem Pariser Abkommen aussteigt, verschlechtert sich am positiven Beitrag der USA wenig. Auf jeden Fall nicht, solange er den Marktkräften den Lauf lässt. Eine negative Wirkung hätte das erst, wenn die US-Administration begänne, gezielt den Kohleabbau zu fördern, um im Rostgürtel der Vereinigten Staaten Arbeitsplätze zu schaffen. Volkswirtschaftlich würde sich das kaum lohnen und wird sich deshalb auch kaum umsetzen lassen. Auffallend in der Tabelle sind die hohen Emissionen, welche Pumpspeichern angerechnet werden. Der Grund liegt im Strommix zum Hochpumpen des Wassers. Das ist in der Regel Importstrom aus Kohle- und Gaskraftwerken.

Stromproduktion aus Wind und Sonne produziert keine Treibhausgase. Der relativ hohe Emissionswert von Photovoltaik erklärt sich aus den problematischen Herstellungsmethoden in China. Von Interesse wäre, zu erfahren, wie sich die Emissionen bei einer einheimischen Produktion verringern würden.

Aus dieser Tabelle geht hervor, dass sich bei einer Substitution der Kernenergie mit neuen Erneuerbaren die Treibhausgasemissionen erhöhen würden. Dieser Umstand ist in der Verwaltung bestens bekannt. Aus diesem Grund war beim Kampf um die Annahme des Energiegesetzes die Erfüllung von Klimazielen kein Thema. Nach Annahme des Gesetzes tauchte die Verpflichtung zu vereinbarten Klimazielen wieder auf.

Mit Sicherheit kann jetzt bereits gesagt werden, dass bei buchstabengetreuer Bereitstellung von Energie gemäss neuem Energiegesetz die CO_2-Emissionen ansteigen werden. Es wird der Verwaltung trotzdem gelingen, gute Ergebnisse zu verkünden. Nach gängiger Praxis werden bei importiertem Strom die Emissionen dem Produktionsland zugeschrieben. Die Importe werden beim Abschalten der Kernkraftwerke garantiert ansteigen. Das hätte auf die CO_2-Bilanz noch keine negative Wirkung, weil die Kernkraftwerke praktisch treibhausgasfrei produzieren. Die Elektrifizierung der Mobilität wird kommen, mit welcher Geschwindigkeit ist noch nicht ersichtlich. Der dadurch entstehende Mehrbedarf an Strom wird nicht mit dem Zubau von Wind und Solaranlagen gedeckt werden können. Also muss auch dieser Strom importiert werden. Das hat jetzt aber einen positiven Effekt, denn es entfallen die Treibausgasemissionen der Verbrennungsmotoren.

In der CO_2-Bilanz des Landes wird sich das gut machen. In Tat und Wahrheit hat man einfach die Abgase, eben die Abfälle, ins Ausland verlagert. Dass dies den globalen Klimazielen nichts nützt, braucht nicht näher erläutert zu werden.

11 | Grüne Sünden

Grüne Politik befasst sich mit dem Schutz der Natur. Eine grosse Bedrohung der Natur wird im übermässigen Verbrauch von Energie geortet. Dabei steht der Verbrauch fossiler Energieträger im Vordergrund, noch vehementer bekämpft wird allerdings die Kernenergie. Die Energiedebatte wird durch Bedenken über die Umwelt und schliesslich Lebensqualität und Sicherheit der Gesellschaft dominiert. Der Wunsch nach Nutzung nachhaltiger und sicherer Energieressourcen ist gerechtfertigt. Ein Verzicht auf unsere wichtigsten Energieträger ist extrem schwierig. Der Wunsch nach einfachen Lösungen ist naheliegend und verständlich. Die Nutzung von Energie unterliegt physikalischen Regeln, die oft nicht einfach zu begreifen sind. Deshalb tauchen in den Medien immer wieder Meldungen zu Erfindungen und technischen Durchbrüchen auf, welche eine Lösung aller Energieprobleme sein sollen. Werden solche Meldungen – und seien sie noch so unsinnig – zu einem Trommelfeuer von Fake-News, wächst in der öffentlichen Wahrnehmung daraus oftmals eine Mainstream-Meinung. Man beginnt zu meinen, dass eine Vielzahl von Lösungen bereitliege und man diese nur realisieren müsse. «Man muss nur wollen» ist ein klassischer Spruch, selbst von höchsten politischen Würdenträgern. Es ist unmöglich, sämtliche Fehlmeldungen in dieser Thematik aufzulisten. Im Folgenden werden drei der häufigsten Missverständnisse erläutert.

Das erste Missverständnis ist das Unverständnis der thermodynamischen Hauptsätze der Physik. Ohne in eine belehrende Physikstunde abzugleiten, sollte man sich nur diese Tatsache merken: Der erste Hauptsatz der Thermodynamik besagt, dass man Energie nicht vernichten kann. Bei der Nutzung von Energie wandelt man diese nur von einem Zustand höherer Energiedichte in einen Zustand niedrigerer Energiedichte um. Der zweite Hauptsatz der Thermodynamik besagt, dass sowohl in der Natur wie in der Technik Wärme niemals von selbst von einem Körper niederer Temperatur zu einem Körper höherer Temperatur übergehen kann. Das erklärt, weshalb bei der Umwandlung von Wärmeenergie in mechanische Energie nur ein begrenzter Wirkungsgrad möglich ist.

Vermeintlich gelten die Hauptsätze der Thermodynamik bei der Stromproduktion aus Sonnenlicht oder aus der kinetischen Energie des Windes nicht. Tatsächlich tritt bei der Umwandlung von Photonen (Lichtquanten) ebenfalls ein Verlust auf, der bei der Ladungstrennung durch einen Halbleiter entsteht. Der theoretisch maximale Wirkungsgrad zur Umwandlung von Sonnenstrahlung in Strom liegt bei 33,7 % (Shockley-Queisser Efficiency limit), in der Praxis liegt er bei 15 % bis 24 %.

Beim Wind treibt ein Windrad mit kinetischer Energie einen Generator an. Bei diesem Vorgang wird ein Teil (theoretisch max. 59 % nach Betzschem Gesetz) der gesamten Windenergie, die durch die Rotorfläche weht, genutzt. Elektrischer Strom ist Energie in hochwertiger Form. Strom kann ohne grosse Verluste in mechanische Energie umgewandelt werden. Der Wirkungsgrad eines Elektromotors liegt typischerweise im Bereich von 90 % bis 95 %. 100 % sind aufgrund unvermeidbarer Reibungs- und Wärmeverluste auch hier nicht möglich.

Deshalb wird der Elektromotor mit seinem hohen Wirkungsgrad dem wesentlich ineffizienteren Verbrennungsmotor oft als überlegen dargestellt. Argumentiert wird, dass mit einer Kilowattstunde Strom wesentlich weiter gefahren werden kann als mit einem Deziliter Benzin, der einen Energieinhalt von ebenfalls einer Kilowattstunde hat. Das stimmt, wenn man nur das Fahrzeug betrachtet. Der Fehlschluss liegt beim Vergleich der Energieträger. Elektrischer Strom ist nur ein Übertragungsmedium von Energie. Strom muss an irgendeinem Ort erzeugt werden, um genau zu gleichen Zeitpunkt irgendwo anders eine Maschine zu betreiben. Ist das nicht möglich, braucht es einen Zwischenspeicher, eine Batterie. Benzin oder Diesel sind Energiespeicher, deren Leistung nach Belieben abgerufen werden kann. Man muss also den Benzinmotor nicht nur mit dem Elektromotor vergleichen, sondern mit der Energiequelle zur Stromproduktion, inklusive Batterie und Elektromotor.

Das erklärt bereits das zweite Missverständnis. Nur allzu oft werden in den Medien Batterien als Kraftpakete und Energiespender angepriesen. Das sind Batterien nicht. Batterien produzieren überhaupt keine Energie, sie speichern nur welche, und zwar auch mit gewissen Verlusten. Bei chemischen Batterien treten bei wiederholter Ladung und Entladung Verluste auf. Knackpunkte bei der Entwicklung besserer Batterien sind die langsame Aufladung und die beschränkte Lebensdauer, respektive der Zerfall der vollen Ladekapazität mit zunehmenden Ladezyklen und die geringe Ladungsdichte. Ein Kilogramm Benzin speichert rund fünfzig Mal mehr Energie als ein Kilogramm Batterie. Chemische Batterien eignen sich nur für kurzfristige Speicherung. Über eine längere Zeitdauer werden die schleichenden Verluste zu gross. Für eine saisonale Speicherung sind sie ungeeignet. Für die saisonale Speicherung gibt es bis heute nur die Speicherseen. Mit dem Hochpumpen von Wasser wird Strom in potentielle kinetische Energie umgewandelt. Beim Runterlassen des Wassers wird die kinetische Energie in elektrischen Strom umgewandelt. In diesem Prozess geht gleichfalls Energie verloren. Effizienter wäre es in jedem Fall, auf Speicherung verzichten zu können.

Beim dritten Missverständnis handelt es sich wiederum um eine Missachtung des zweiten Hauptsatzes der Thermodynamik. Nicht aus jeder Form von Energie kann mechanische Energie erzeugt werden. Das ist nur mit dem Teil der Gesamtenergie möglich, der als Exergie bezeichnet wird. Exergie ist ein Potential zwischen mindestens zwei Zuständen, wobei einer davon meist der Umgebungszustand ist, zum Beispiel die Umgebungstemperatur oder der Luftdruck. Exergie ist im Gegensatz zur Energie keine Erhaltungsgrösse, das heisst, Exergie kann vernichtet werden, sie wird in Anergie umgewandelt. Anergie ist der Bestandteil der Energie, aus welchem keine Arbeit verrichtet werden kann.

Ein Musterbeispiel, wie wenig verstanden diese Begriffe sind und wie selbst Experten darüber stolpern können, war eine Medienmitteilung der EMPA, der eidgenössischen Materialprüfungsanstalt. Da wird vollmundig verkündet, dass der im Wasser des Bodensees gespeicherten

Wärme Energie in der Grössenordnung von zwei Atomkraftwerken entzogen werden könne[46]. Das hat dann die Boulevardpresse zum reisserischen Titel verleitet: «In Schweizer Seen schlummert Energie von 60 AKW!»[47]. Da als Quelle eine seriöse Institution genannt wird, finden solche News in praktisch sämtlichen Tagezeitungen inklusive den staatlichen Rundfunkmedien ungefiltert Verbreitung. Vergessen ging bei der EAWAG, und bei den Medien sowieso, dass es sich dabei in den Seen um Anergie handelt, also mit dieser Wärme keine Arbeit geleistet werden kann. Ganz im Gegensatz zu den Kernkraftwerken, mit deren Strom Maschinen betrieben werden können. Den Seen kann man nur Wärme entziehen, doch auch um dies zu tun muss zunächst Arbeit zugeführt werden, also Exergie aufgewendet werden.

Dass Journalisten und die breite Öffentlichkeit Anergie und Exergie nicht unterscheiden können, ist noch begreiflich. Umso wichtiger ist es, dass Wissenschaftler, welche das wissen müssen, nicht solche politisch opportunen, aber falschen Aussagen machen. Problematisch wird es dann, wenn sich sämtliche Gremien der politischen Entscheidungsfindung auf diese Fake News beziehen und das als wissenschaftliche Fakten verteidigen.

11.1 CO_2-Sauger

Im Juni 2017 wurde in Hinwil im Kanton Zürich auf dem Gelände der Kehrichtverbrennungsanlage die weltweit erste Maschine in Betrieb genommen, die CO_2 aus der Luft abscheidet. Die Anlage wurde von der gesamten Presse und den staatlichen Medien als Weltpremiere und Leuchtturmprojekt der aktiven CO_2-Reduktion gefeiert. Mit grossen Ventilatoren wird Luft durch einen Filter geblasen, wo sich CO_2-Moleküle an ein mit Amin behandeltes Granulat binden. In Zyklen von mehreren Stunden wird das Granulat auf 100°C erhitzt, wobei sich die Bindungen lösen und das CO_2 in konzentrierter Form in ein Gewächshaus abgeführt wird. Damit ist das CO_2 dem Kreislauf nicht entzogen, nur umgeleitet. Der Strom- und Wärmebedarf wird von der Verbrennungsanlage geliefert.

Dekarbonisierung ist sinnvoll, aber so nicht! Unter Energieaufwand ein Gas am Ort der grössten Verdünnung auszufiltern ist eine Engineeringsünde ersten Ranges. Das ist wie unmittelbar neben einem Fluss Wasser aus der Luft zu gewinnen. Machbar wäre das auch, macht aber keinen Sinn. Hier wurde vergessen, die Sinnfrage zu stellen.

In konzentriertester Form liegt CO_2 in den Abgasen einer Verbrennung vor. Jeder Kamin einer Holz-, Kohle-, Öl- oder Gasheizung, jeder Schornstein eines Kohlekraftwerks oder einer Kehrichtverbrennungsanlage, jeder Auspuff einer Gasturbine oder jeder Automotor stösst neben Wasserdampf konzentrierte Mengen CO_2 aus. In einer sauberen Verbrennung sind es rund zwei Drittel Wasserdampf und rund ein Drittel CO_2.

Wäre es wohl irgendjemandem je in den Sinn gekommen, den Wasserhaushalt der Erde mit einem Luftentfeuchter zu regulieren? Solche Anlagen sind nichts anderes als energieverschwendende Leerlaufmaschinen. Und wie bereits erwähnt ist mit dieser Maschine noch kein Gramm CO_2 aus dem Kreislauf entfernt, sondern nur über kurzfristiges Pflanzenwachstum umgeleitet. Aus dem Kreislauf entfernt wäre es erst bei einer Lagerung im Untergrund (siehe CCS) oder einer anderen permanenten Bindung. Mit dem CO_2-Fänger hat die schweizerische Energieforschung einen Tiefpunkt erreicht. Solche Fehlleistungen können nur in einer Kombination von Aktionismus, Unwissenheit, Unsicherheit sowie Beseeltheit «etwas Gutes tun zu wollen» entstehen.

11.2 CCS

Carbon Capture and Sequestration, kurz CCS, wie bereits in Kapitel 9.3 beschrieben, bezeichne ich als eine klassische grüne Sünde. Das Verfahren wird zwar bis heute als ein wichtiger Baustein im Bemühen um eine CO_2-Reduktion angesehen. Nur mittels CCS sei es möglich, das verbleibende Restbudget der CO_2-Emissionen nicht zu überschreiten. Die Methode ist aus geologischer Sicht nicht prohibitiv gefährlich einzustufen, wenn auch bei der Injektion grosser Mengen CO_2 im Reservoirgestein

Volumenänderungen und Veränderungen des Porendrucks zu erwarten sind. Porendruckänderungen und Veränderung des Volumens sind die wichtigsten Faktoren zur Erzeugung von Spannungsänderungen, was induzierte seismische Aktivitäten zur Folge haben kann. Auf diesem Gebiet gibt es nur beschränkte praktische Erfahrungen. Die Mehrzahl der Studien zu diesem Thema basieren auf numerischen Modellierungen und nicht auf Feldmessungen.

Der aus meiner Sicht entscheidende Fehler in den Machbarkeitsstudien liegt beim vergessenen zusätzlichen Energieaufwand. Bereits die Abscheidung von CO_2 aus dem Verbrennungsprozess bei einem Kohle- oder Gaskraftwerk erfordert einen Energieaufwand in der Grössenordnung von 10 % - bis 20 % der Stromproduktion. Der Energieaufwand zum Einpumpen in potentielle Reservoirgesteine ist dabei noch nicht einmal eingerechnet. Das steht in krassem Widerspruch zur Effizienzsteigerung. Es kann nicht sein, dass zur Reduktion von Treibhausgasen zusätzliche treibhausgaserzeugende Energie aufgewendet werden muss.

Die entscheidende Frage, ob CO_2 im Untergrund eine geringere Belastung darstelle als in der Atmosphäre, wurde noch gar nie grundsätzlich untersucht. Wie wir gelernt haben, ist CO_2 in der Atmosphäre ein lebenswichtiger Bestandteil. Im Untergrund kommt CO_2 in Formationswässern gelöst vor, doch als superkritisches Medium in porösen Formationen ist CO_2 ein Fremdkörper.

CCS ist die bevorzugte Lösung der Erdölindustrie. Die Rückführung der Abgase in den Herkunftsort des Brennstoffes macht den Anschein einer Schliessung eines Kreislaufs, was eine klimaneutrale Nutzung des Rohstoffes implizieren würde. Ausgangs- und Endstoffe sind allerdings nicht mehr dasselbe. Prohibitiv an dieser Methode sind der enorme zusätzliche Aufwand zum Betreiben einer völlig neuen, zusätzlich zu bauenden Infrastruktur. Wirtschaftlich betrieben kann die Methode allenfalls dort, wo mit der Injektion noch Restvorkommen gefördert werden können. Eine Schliessung dieses Kreislaufs im grossen Stil ist illusorisch, da der weitaus grösste Teil der Verbrennung dezentralisiert geschieht.

11.3 Biotreibstoffe

Biotreibstoffe werden im zukünftigen Energiemix einen geringen Beitrag leisten können. Sinnvolle Anwendungen beschränken sich auf Orte, an denen grosse Mengen organischer Restmengen anfallen, zum Beispiel Gülle aus grossen Schweinezuchten, Grünabfall aus den Getreide- und Gemüsekulturen oder minderwertiges Holz aus dem Forst. Die Verwertung von Reststoffen zu Treib- und Brennstoffen ist jedoch nur dann sinnvoll, wenn die gesamte Energiegewinnungskette in die Beurteilung einbezogen wird. Problematisch wird es bereits beim Zusammenführen der Reststoffe. Sind dazu grosse Transportwege zu überwinden, wird der Umweltnutzen schnell negativ. Keinesfalls als klimaneutral oder förderlich für die Umwelt können nachwachsende Rohstoffe (NaWaRo) bezeichnet werden. Mais, Raps, Soja oder Ölpalmen sind in erster Linie Nahrungsmittel. Deren Verwendung als Energierohstoff bedeutet eine direkte Konkurrenzierung der Nahrungsmittelproduktion. Nahrungsmittel würden sich vor allem für die Bevölkerung in den Anbaugebieten verteuern. Zur Steigerung der Wirtschaftlichkeit verlangt das den Anbau in grossen Monokulturen, was auch dem Erhalt der Artenvielfalt alles andere als förderlich ist.

Wir haben bereits festgestellt, dass Energie keine Mangelware ist. In einem unregulierten Markt, in welchem Energierohstoffe billig bleiben, ist zu erwarten, dass der Anbau von Nahrungsmitteln einen höheren Ertrag abwirft.

Biotreibstoffe würden nur dann eine Wirtschaftlichkeit erreichen, wenn sie gefördert oder Energiepreise künstlich hochgehalten werden. Beides ist nicht erstrebenswert.

12 | Wie kann eine Post-C-Welt aussehen

Das ultimative Ziel der Klimarahmenkonvention der Vereinten Nationen (UNFCCC), deren prominenteste Organisation das IPCC (International Panel on Climate Change) ist, ist der vollständige Verzicht auf fossile Energieträger. Sollte die Weltgemeinschaft die Klimaziele von Paris einhalten wollen, müsste dieses Ziel bereits in dreissig Jahren erreicht werden. Dann wäre das CO_2-Restbudget (siehe Kap. 8.3) aufgebraucht. Wie bereits gezeigt können solche Ziele gar nicht erreicht werden.

Für die nächsten Jahrzehnte werden wir mit grosser Sicherheit noch in einer Welt leben, in der fossile Energieträger die Energieversorgung dominieren. Daran werden die ambitioniertesten politischen Ziele nichts ändern. Diesen nüchternen Blick bewahrt haben auch die folgenden Institutionen mit völlig unterschiedlichen Interessen und Sichtweisen:

BP	British Petroleum, Erdölkonzern
Exxon Mobil	Erdölkonzern
IHS	IHS Energy, US-basierte Informationshandelsgesellschaft
PIRA	PIRA Energy Group; Energiemarkt Analysten
IEA	International Energy Agency; Energieagentur mit 29 Mitgliedstaaten, inkl. der Schweiz
EIA	Energy Information Administration der US-Bundesverwaltung
IEEJ	Institute of Energy Economics Japan
MIT	Massachusetts Institute of Technology
Greenpeace	Nichtregierungs-Organisation

Sie kommen alle zum Schluss, dass der Energiebedarf bis 2035 weiter ansteigen wird. Eine weitere Gemeinsamkeit dieser Institutionen ist, dass der Verbrauch aller Energieträger zunehmen wird. Die Analysen unterscheiden sich nur in prozentualen Nuancen. Sie gehen alle von einem jährlichen Wachstum des Gesamtenergieverbrauchs von minimal 0.95 % (Exxon Mobil) und maximal 1.45 % (EIA) aus. Der einzige Sektor, in welchem einige Analysten kein Wachstum oder sogar ein Rückgang prognostizieren, ist bei der Kohle (Greenpeace).

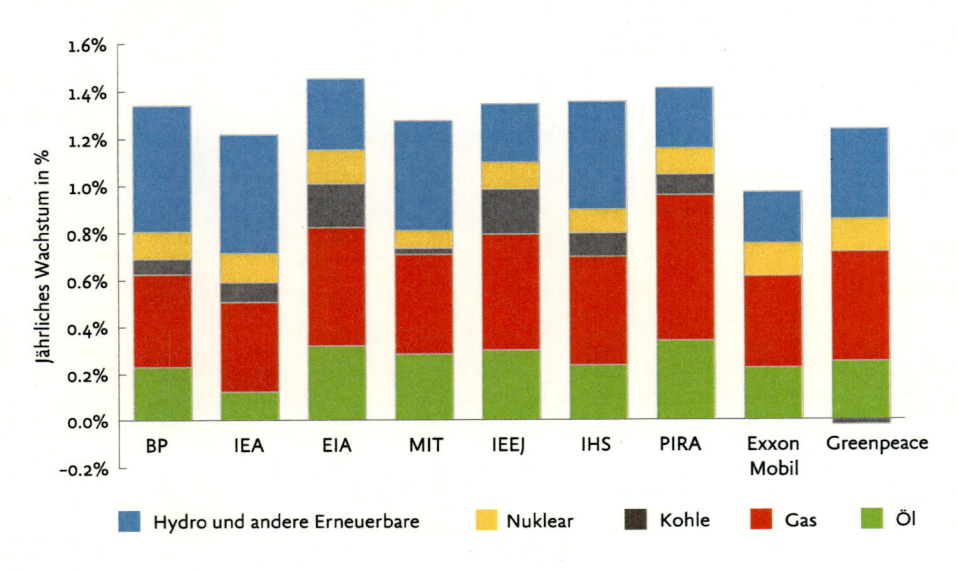

Abb. 33: Energiebedarfs-Prognosen 2015–2035. Quelle: BP Energy Outlook 2017

Diese Analyse steht in krassem Widerspruch zum Konzept des noch verfügbaren CO_2-Restbudgets. Würde man das Restbudget einhalten wollen, müsste jährlich auf 5 % des heutigen Verbrauchs verzichtet werden, um 2035 auf Null-Emissionen zu gelangen. Illusorische Ziele sind nicht sinnvoll. Es sind nur Forderungen, sie geben keine Perspektive. Interessanter ist es, mögliche Wege einer Dekarbonisierung auszuloten, sowie deren Wirksamkeit und deren Wahrscheinlichkeit zu untersuchen. Die grössten Erwartungen liegen bei der Elektrifizierung der Mobilität und bei Einsparungen im Gebäudebereich. Bei der Energiegewinnung stehen die Solar- und Windenergie im Rampenlicht. Der Nuklearenergie wird im europäischen Umfeld keine Rolle zugedacht. Hier unterscheidet sich die europäische Energiepolitik stark vom Rest der Welt.

12.1 Beispiel: Elektrifizierte Mobilität

Der Strassenverkehr in der Schweiz produziert jährlich 16 Millionen Tonnen CO_2-eq an Treibhausgasen.[48] Das entspricht 32% aller Treibhausgasemissionen der Schweiz. Das in Paris eingebrachte Klimaziel verlangt eine Halbierung der THG-Emissionen bis 2030, in absoluten Zahlen eine Reduktion von 27 Millionen Tonnen. Selbst wenn man den gesamten Strassenverkehr völlig einstellt, würde das Ziel um 11 Millionen Tonnen verfehlt. Die Forderung ist in ihrer Absolutheit und Grössenordnung absurd. In die Elektrifizierung des Verkehrs werden jedoch grosse Hoffnungen gesetzt, einen wichtigen Beitrag zur Reduktion von Treibhausgasemissionen beizutragen.

In einer umfangreichen Studie namens THELMA[49] (Technology-centered Electric Mobility Assessment) wurde für eine Serie von heutigen und zukünftigen Personenfahrzeugen eine Lebenszyklusanalyse durchgeführt, um die Wirkung auf Umwelt und den Beitrag zu den Klimazielen abzuschätzen.

Geprüft wurden Personenfahrzeuge mit Batterie betriebenen Elektromotoren, Brennstoffzellen betriebenen Elektromotoren, mit Benzin, Gas und Diesel betriebenen Verbrennungsmotoren, sowie hybride Antriebe. Die Fragestellung beschränkte sich nicht nur auf die Reduktion von Treibhausgasen, sondern auch auf andere Umweltfaktoren wie Feinstaub- und Schwefeldioxid-Emissionen, die Emission flüchtiger organischer Verbindungen und auch auf die Auswirkung des Ressourcenverbrauchs.

Bei den elektrisch betriebenen Fahrzeugen wird unterschieden zwischen solchen mit einer Batterie und solchen mit einer Brennstoffzelle. Gemeint sind Brennstoffzellen, welche mit Wasserstoff betrieben werden. Wasserstoff, der elektrolytisch gewonnen wurde und somit als Energiespeicher dient. Die Umwandlung von Strom zu Wasserstoff und die erneute Verstromung mittels Brennstoffzelle haben einen schlechteren Wirkungsgrad als eine Batterie. Brennstoffzellen betriebene Elektrofahrzeuge wären betreffend Reichweite, Gewicht und Emissionen attraktiv, doch ist der Stromverbrauch in der gesamten Energiekette deutlich höher. Weitere Einschränkungen betreffen die Sicherheit. Komprimierter Wasserstoff ist hochentzündlich. Brennstoffzellenfahrzeuge haben ein grosses Potential, sind aber noch nicht marktreif.

Bereits früher wurde darauf hingewiesen, dass Elektrofahrzeuge nur so sauber sind wie der Strom, mit welchem sie beladen werden. In der Lifecycle-Analyse wird das noch vertieft. Selbst bei einem Elektrofahrzeug, das mit vollständig CO_2-frei produziertem Strom aufgeladen wird, sinken die Treibhausgas-Emissionen maximal um 60% (Abbildung 34). Die restlichen 40% der Emissionen entstehen bei der Herstellung der Fahrzeuge, Antriebe, Batterien und der Bereitstellung der Treibstoffe inklusive des Stroms.

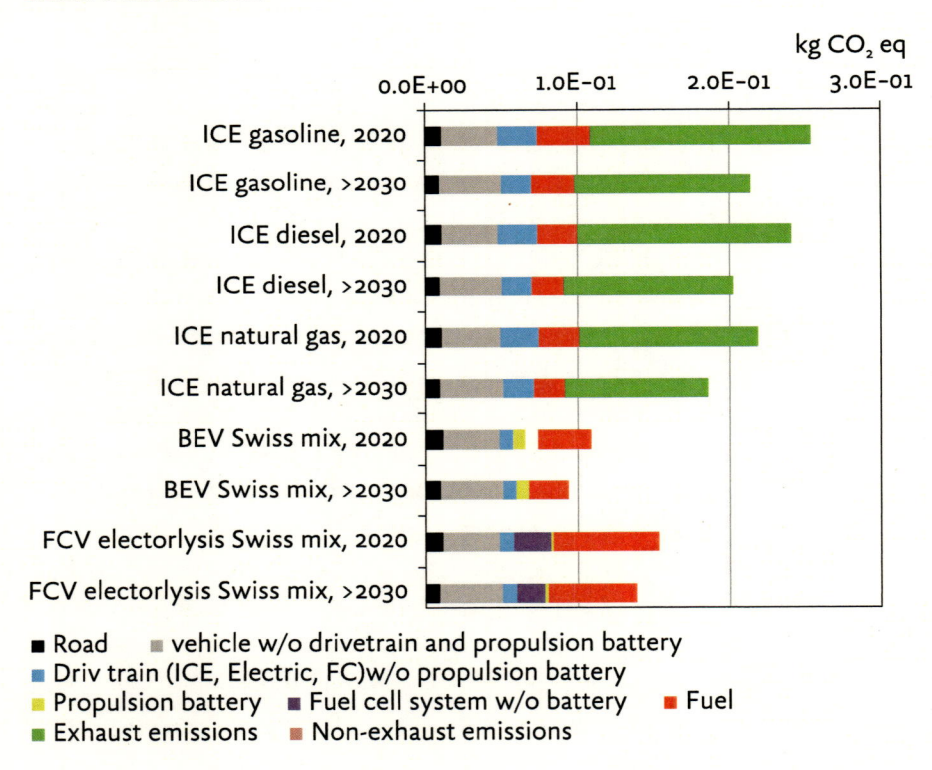

Abb. 34: Treibhausgas-Emissionen von Personenfahrzeugen in Kilogramm CO_2-eq pro Fahrkilometer. ICE = Fahrzeug mit Verbrennungsmotor. BEV = Batterie betriebenes Fahrzeug. FCV = Brennstoffzellen betriebenes Fahrzeug. Grün: Direkte Treibhausgas-Emissionen. Quelle: Hirschberg et al.. (2016).

Bei einem fiktiven vollständigen Umstieg auf Elektrofahrzeuge könnten somit in der Schweiz im Personenverkehr jährlich 10 Millionen Tonnen CO_2-eq eingespart oder ein Drittel der Klimaverpflichtungen erfüllt werden.

Unrealistisch ist ein vollständiger Umstieg bis 2030 aus mehreren Gründen: Die mittlere Lebensdauer eines Fahrzeugs in der Schweiz beträgt acht Jahre. Das ist zwar kürzer als im Ausland. Die Fahrzeuge werden dann allerdings noch nicht verschrottet, sondern anschliessend in einem Entwicklungsland beinahe noch einmal solange gefahren.

In einer Alpiq-Studie[50] aus dem Jahr 2010 zur Marktpenetration von Elektrofahrzeugen bis 2020 wurde prognostiziert, dass im Jahr 2016 in der Schweiz knapp 10 % und 2020 15 % der Personenfahrzeuge elektrisch betrieben sein werden. Der Fahrzeugbestand nahm seit 2010 um 11 % auf 4.5 Millionen Personenwagen zu. Davon waren im Jahr 2016 allerdings erst 10'724 oder 0.34 % elektrisch betrieben. Der Verkauf von E-Fahrzeugen ist noch nicht in Gang gekommen. Momentan beschränkt sich der Verkauf weitgehend auf das Lifestyle-Segment. Ein hoher Anschaffungspreis und die geringe Reichweite, die Dauer der Aufladung sowie die Verfügbarkeit einer Ladestation halten viele davon ab, sich ein Elektroauto zu kaufen. Dazu kommt noch die Unsicherheit, wie lange von den Batterien eine volle Leistung zu erwarten ist und wie sich der Wiederverkaufswert entwickelt. Die besten Verkaufszahlen von Elektrofahrzeugen werden in Ländern erreicht, in welchen staatliche Begünstigungen bestehen. Fallen diese weg, brechen die Verkaufszahlen ein, wie das Beispiel in Hongkong zeigt. Nachdem die Behörden den Käufern eines Elektrofahrzeuges eine Steuervergünstigung von 12'000 US$ per 1. April 2017 gestrichen hatten, wurde in diesem Monat kein einziger Neukauf eines Tesla mehr registriert[51].

Solange sich die Marktdurchdringung noch im einstelligen Prozentbereich oder darunter befindet, sind staatliche oder anderweitige Begünstigungen verkraftbar. Darunter fallen vor allem Gratis-Beladestationen in gewissen Städten und Geschäften oder die kostenlose Installation von Ladeanschlüssen zu Hause. Solche Vergünstigungen dürften bei einer grösseren Anzahl Fahrzeuge rasch wegfallen. Auch wenn der Stromverbrauch in kWh deutlich geringer ist als bei Benzinfahrzeugen, fallen die Strombezüge schnell ins Gewicht. Bereits jetzt unterscheiden sich an nicht subventionierten Ladestellen die Preise nach Leistung der Anschlüsse und Ladedauer. An privat betriebenen Ladesäulen werden für eine Stunde laden rund 10 Franken berechnet. Je nach Fahrzeug hat man dann zwischen 4 und 20 kWh geladen, was für eine Fahrt von 20 bis 100 km weit reicht. Die «Brennstoffkosten» liegen dann zwischen 10 bis 50 Rappen pro Kilometer. Die Brennstoffkosten eines modernen Dieselfahrzeugs liegen gleichfalls bei 10 Rappen pro Kilometer. Es ist nicht absehbar, dass sich bei den Treibstoffen, weder beim Strom, Benzin oder Diesel massive Preisverschiebungen abzeichnen.

Billiger ist das elektrisch Betanken zu Hause. Das bedingt allerdings eine kleine Investition in eine Ladestation, sofern sie beim Autokauf nicht bereits enthalten ist. In der Regel haben Hausanschlüsse eine Ladeleistung von 3.7 kW und gestatten nur ein langsames Laden über mehrere Stunden. Höhere Leistungen würden ganz andere Hausanschlüsse und entsprechend zusätzliche Investitionen erfordern. Das wird für die Energieversorger zu einer Herausforderung, sollten in einem Strassenzug gleich mehrere Wohnhäuser Ladestationen einrichten. Es wird dann auch bei den Hausanschlüssen nicht mehr beim Haushalts-Strompreis bleiben.

Damit ist die Problematik der Bereitstellung des Stroms angesprochen. Laut Thelma-Studie entsteht bei einer Marktpenetration von 30 % batteriebetriebener Fahrzeuge ein zusätzlicher Strombedarf von 8.1 Terrawattstunden (Abbildung 35).

Das liegt in der Grössenordnung der Produktion eines Kernkraftwerkes, der Produktion von ungefähr 2000 Windturbinen oder 45 Quadratkilometern Solarzellen, denn nur diese drei Optionen kämen in Frage, will man mit einem elektrifizierten Verkehr einen Beitrag zur CO_2-Reduktion leisten. Den benötigten Strom mit fossil-thermischen Kraftwerken herzustellen, kommt nur einer Verlagerung der Auspuffgase zum Kraftwerk gleich. Tatsächlich kann auch diese (wahrscheinliche) Option einen Vorteil haben. Die Auspuffgase verschwinden aus den Bevölkerungszentren. Gemäss der Alpiq-Studie wird eine gewisse Effizienzsteigerung erreicht (Abbildung 36).

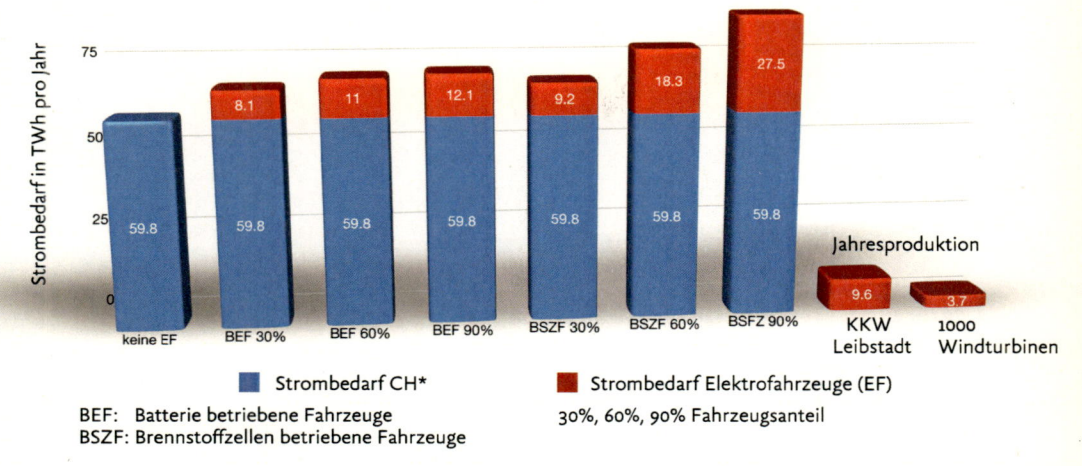

Abb. 35: Zusätzlicher Strombedarf für die E-Mobilität. Quelle: Thelma-Studie 2016

An dieser Darstellung eindeutig falsch ist der Energieverlust von nur 36 % bei der Stromerzeugung in einem thermischen Kraftwerk. Das käme einem Wirkungsgrad von 64 % gleich und den gibt es in einem thermischen Kraftwerk nicht. Bei modernen Gaskraftwerken kann der knapp über 50 % liegen, bei Kohlekraftwerken liegt er in der Grössenordnung von 40 %. Die Effizienzsteigerung respektive eine gewissen CO_2-Reduktion läge auch so immer noch vor, doch geht dieser Vorteil beim Ressourcen- und Energiebedarf zur Herstellung von Batterien verloren. Einen besseren Effizienzgewinn oder eine CO_2-Reduktion könnten gasbetriebene Fahrzeuge erbringen. Das einfachste Rezept zur Effizienzsteigerung, das Bauen leichterer Fahrzeuge, wird kaum genutzt. «Kraft gleich Masse mal Beschleunigung» ist die physikalische Grundregel, die nicht zu umgehen ist. Da schneiden Batterien nicht gut ab. In einem Elektrofahrzeug stellen die Batterien rund 30 % des Gewichts, ein voller Benzintank beträgt lediglich 5 % des Fahrzeuggewichts.

In der Entwicklung der Elektrofahrzeuge sind zweifellos noch Verbesserungen zu erwarten. Quantensprünge, welche die Kunden zum so-

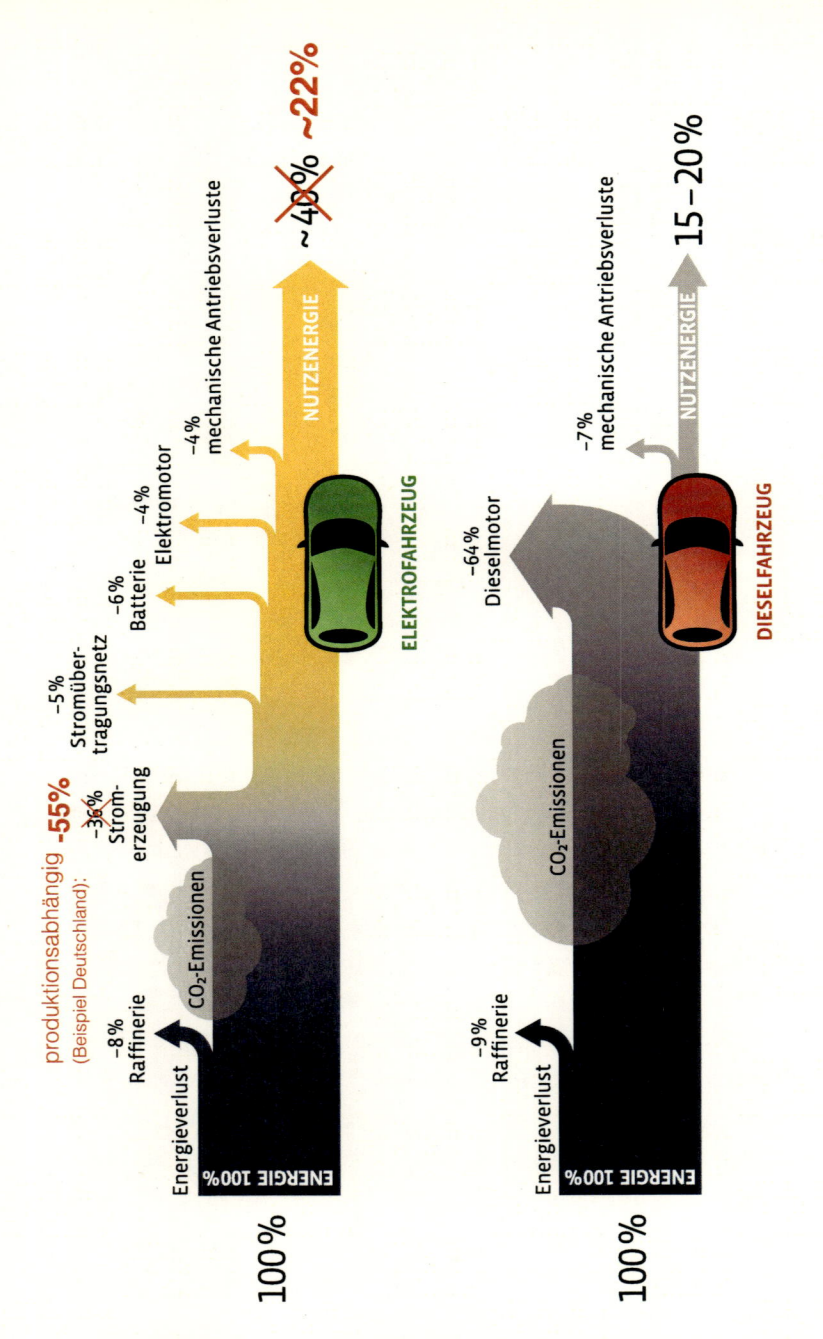

Abb. 36: Effizienzsteigerung in der Mobilität bei Nutzung fossiler Primärenergie im Fahrzeug oder im Kraftwerk (Quelle: Alpiq 2010)

fortigen Umstieg animieren würden, sind nicht in Sicht. Aus diesem Grund wird Elektromobilität keinen disruptiven Technologiewandel auslösen wie zum Beispiel die Informationstechnologie.

Die Elektrifizierung der Mobilität wird fortschreiten, jedoch nicht wegen ihrem Beitrag zu den Klimazielen, sondern wegen eines möglichen Komfortgewinns. Wie die Fahrzeugverkäufe zeigen, ist der den Kunden noch nicht klar ersichtlich.

Die Thelma-Studie kommt zu folgendem Schluss: «Batteriebetriebene Fahrzeuge schneiden bei der Mehrzahl der Umweltindikatoren besser ab als Fahrzeuge mit Verbrennungsmotoren.» Dies allerdings nur, wenn sie mit «sauberem» Strom versorgt werden. Die bedeutendste potentielle Auswirkung auf den Klimawandel würde erreicht, wenn Strom aus erneuerbaren Energien oder Kernenergie genutzt würde. Das gilt nicht nur für die Betriebs-Emissionen, sondern auch die Lebenszyklus-Emissionen (Herstellung und Entsorgung). Diese Fakten werden sich auch in Zukunft nicht verändern.

Zusammenfassend kann festgehalten werden, dass die CO_2-Reduktionen im Mobilitätsbereich unter den Zielvorstellungen bleiben und Fahrzeuge mit Verbrennungsmotoren noch lange dominieren werden. Dass im Jahr 2040 in Frankreich keine Verbrennungsmotoren mehr im Einsatz stehen, ist so wenig wahrscheinlich wie dass die Schweiz ihre Klimaziele erreichen wird. Vor allem mit dem Beschluss, aus der Atomenergie auszusteigen und neue Kernkraftwerke zu verbieten.

12.2 Beispiel: Brennstofffreier Gebäudepark

In den gemässigten Zonen, in welchen die meisten Industriestaaten der Welt liegen, müssen Gebäude im Winter beheizt und im Sommer zum Teil gekühlt werden. In tropischen Ländern überwiegt der Bedarf an Kühlung. Traditionell werden Gebäude mit Feuer erwärmt. Gekühlt wird vorwiegend mit elektrischen Klimaanlagen.

Der Bedarf an Kühlung korreliert sehr gut mit dem Tagesgang der Sonne. Solarstrom wäre deshalb besonders geeignet zur Belieferung von

Kühlaggregaten. Nicht nur sind Produktion und Bedarf nahezu synchron, bei einem Wohnhaus liegen die Photovoltaik-Anlage und die Klimaanlage unmittelbar beieinander. Im Idealfall würde sich sogar eine Netzeinbindung erübrigen. Das sind optimale Bedingungen für Photovoltaik. Man kann auch kurz nachrechnen, dass bei voller Ausnutzung der Dachfläche genügend Strom zur Verfügung steht, um während der Tagesstunden das Haus mit einer Klimaanlage ausreichend zu kühlen. Wenn das stimmt, müssten eigentlich alle Wohnhäuser in warmen Ländern an sonnigen Lagen mit Strom vom eigenen Dach gekühlt werden. Wo träfe das besser zu als in den Villenvierteln Hollywoods. «It never rains in Southern California». Ein kurzer Check auf Google Maps enttäuscht jedoch gewaltig. Ausgerechnet in den wohlhabendsten Wohnorten, in welchen sich Klimaschützer wie Leonardo di Caprio tummeln, findet man kaum ein einziges Solardach. Neben den Villen von Beverly Hills und Malibu dominieren Schwimmbäder und Tennisplätze. Photovoltaik hat an diesen prädestinierten Lagen in einem Staat, der immer wieder als Vorbild in Sachen Innovation und Klimapolitik genannt wird, den Durchbruch noch nicht geschafft. Ich empfehle jedem Leser, dies auf Google Maps selbst nachzuprüfen.

Hierzulande ist Wärme gefragt. Und zwar in einer Jahreszeit, in welcher die Sonne tief am Himmel steht und die Tage kurz sind. Elektrisches Heizen erscheint wenig sinnvoll, ist Strom doch ein hochwertiger Energieträger, der besser zum Antrieb von Maschinen als zur Produktion niedrigwertiger Wärme verwendet wird. Die Verwendung hochwertiger Elektrizität zu Heizzwecken ist nur zu rechtfertigen, wenn sie der Transformation von Umgebungswärme zu konzentrierter Heizwärme auf Komfortniveau dient. Damit wären wir bei der Wärmepumpe. Die macht genau das. Sie sollte eine möglichst hohe Leistungszahl erreichen. Das ist das Verhältnis erzeugter Wärme zur eingesetzten elektrischen Leistung. Die Leistungszahl wird besser, je höher die Temperatur der Umgebungswärme ist, respektive je kleiner der Temperaturhub auf die gewünschte Komforttemperatur ist. Eine Luftwärmepumpe kann in den Übergangsjahreszeiten mit Aussentemperaturen von 10 Grad Celsius eine Leistungszahl von bis zu 4 erbringen. Das heisst, ein Viertel der Wärme kommt von der Pumpe, drei Viertel aus der Luft. In einer klirrend kalten Nacht bei minus zehn Grad oder kälter muss die Pumpe so hart arbeiten, dass der Prozess einer direkten elektrischen Heizung beinahe gleichkommt. Das wäre dann eine Leistungszahl nahe bei 1. Da kommt dann die Heizleistung der Wärmepumpe an ihre Grenze. Dann empfiehlt sich der Zusatz eines kleinen Wohnzimmer-Holzofens. Aber damit ist das Feuer nicht mehr aus dem Haus verbannt, wie das gefordert wird. Wobei man nicht päpstlicher als der Papst sein sollte. Ein Kaminfeuer werden wohl auch hartgesottene Klimaschützer noch erlauben. Schliesslich ist das Verbrennen von Holz klimaneutral, wenn auch Kaminfeuer Feinstaubschleudern sind.

Besser als Luftwärmepumpen sind Sole-Wasser-Wärmepumpen, welche mit Erdwärmesonden die nahezu konstante Temperatur des Untergrundes nutzen. Gestein hat auch im kältesten Winter bis auf eine Tiefe von 200 Metern eine Temperatur von 10 bis 16 Grad. Bei längerem Entzug über Jahre kann um die Erdwärmesonde herum eine Abkühlung eintreten. Diese Einschränkung kann allerdings auch in einen Vorteil gewandelt werden. Im Sommer kann Überschusswärme über die Bodenheizung in den Untergrund abgeführt werden. Der Effekt ist eine passive Kühlung des Hauses und eine Regeneration der Wärme im Untergrund. Die besten Leistungszahlen liefern Wärmepumpen, welche Grund-, Fluss- oder Seewasser nutzen. Die Anwendung ist allerdings auf grössere Anlagen beschränkt. Allen Wärmepumpenanwendungen gemeinsam ist, dass Strom in einer Jahreszeit gebraucht wird, in welcher die Produktion erneuerbaren Stroms aus Wasserkraft und Sonne ein Minimum durchläuft. Auch bei Wärmepumpen gilt dasselbe wie bei Elektrofahrzeugen: Sie produzieren nur so sauber wie das Kraftwerk, das den Strom liefert.

Und da relativiert sich die vermeintliche Klimawirkung von Wärmepumpen. Kommt der Strom von einem Kohlekraftwerk, das mit einem Wirkungsgrad 30% Strom produziert und die Wärmepumpe mit einer Leistungszahl von 3 Wärme produziert, käme es auf dasselbe heraus, wenn man das Haus direkt mit Kohle beheizen würde. Das ist ein Grund, weshalb eine Wärmepumpe in der Schweiz mehr Sinn macht als in Deutschland. Der Strom in der Schweiz wird mit Wasser und Kernkraft nahezu

CO_2-frei produziert, in Deutschland ist der CO_2-Rucksack des Stroms massiv höher. Mit dem Abschalten der Kernkraftwerke und dem zunehmenden Import von Strom fällt dieser Vorteil auch in der Schweiz weg.

Um den Heizbedarf allgemein zu senken, müsste der Gebäudepark umfassend energetisch saniert werden. Das ist einfacher gesagt als getan. 86 % der Gebäude in der Schweiz sind älter als 15 Jahre, über zwei Drittel sind älter als 30 Jahre[52]. Der gegenwärtige Wohnungsbestand stammt zu 56 % aus den Jahren vor 1970, und von diesem sind rund 30 % seit 1970 nicht mehr renoviert worden. In den nächsten Jahren und Jahrzehnten müssen also eine Grosszahl der Gebäude gesamterneuert werden. Dies erscheint auch deshalb dringlich, weil Gebäude aus den 60er und 70er Jahren eine schlechte Bausubstanz aufweisen und es zu erwarten ist, dass sie einen verkürzten Lebenszyklus aufweisen als ältere Bauten[53] (Abbildung 37). Bis 2050 sollte der Primärenergieverbrauch gemäss den politischen Zielen nur noch ein Drittel so hoch sein wie heute. Gemäss Ecoconcept müssten zur Erreichung der Klimaziele sämtliche bestehende Bauten bis 2050 energetisch erneuert werden[54].

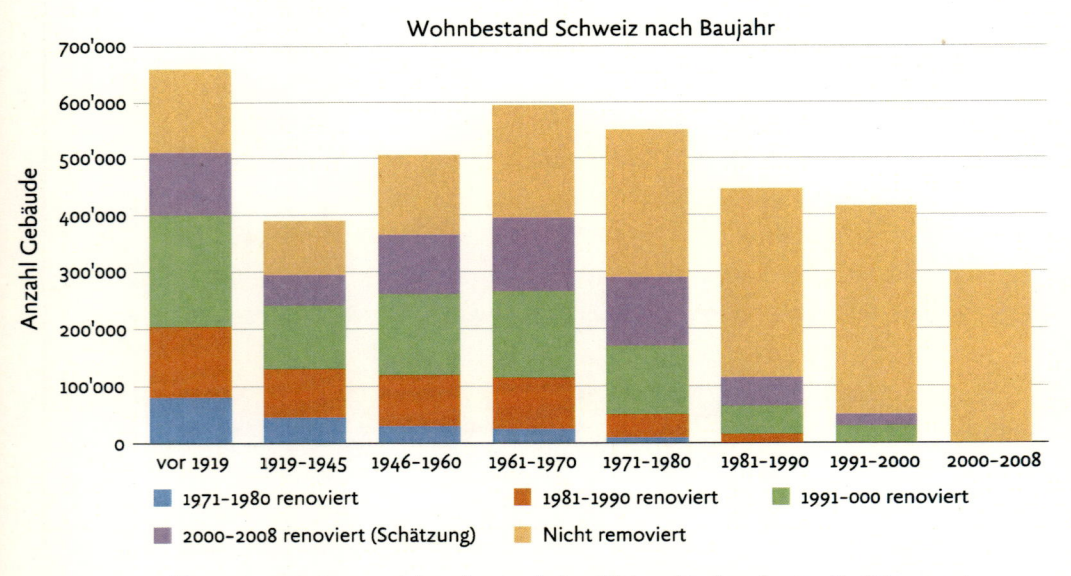

Abb. 37: Renovationsstand des schweizerischen Wohngebäudeparks. Quelle: Pfister et al. 2010

Im Jahr wird heute allerdings nur rund 1% der Gebäude energetisch saniert. Um die gesetzten Ziele zu erreichen, müssten jährlich mindestens 2% der Gebäude saniert werden und zwar nicht nur teilsaniert, was bei vier Fünfteln der Gebäude der Fall ist, sondern vollständig. Das heisst nicht nur eine markante Verbesserung der Isolation, also der Fenster, Dach, Kellerdecke und Fassade, sondern eben auch noch der Ersatz der Öl- oder Gasheizung mit einem Anschluss an ein Fernwärmenetz, sofern vorhanden, oder die Installation einer Wärmepumpe mit den peripheren Anlagen wie Erdwärmesonden, Speicher, Verteilsystem und Steuerung. Immobilieneigentümer sind gute Rechner und werden kaum alles auf einmal durchführen können und auch nicht wollen. Sinnvoll ist bei solchen Investitionen eine Etappierung, und zwar aus mehreren Gründen. Erstens können so die Investitionen in «verdaubare» Tranchen unterteilt werden, zweitens bietet es auch steuerliche Vorteile und drittens kann mit einer stufenweisen Sanierung der neue Heizbedarf besser abgeschätzt und eine Überdimensionierung einer neuen Anlage vermieden werden. Gesamtsanierungen im grossen Stil und in hoher Kadenz, wie sich das die Politik vorstellt, sind deshalb unwahrscheinlich.

Solange das Verbrennen von Brennstoffen günstiger ist als die Amortisation energiesparender Gebäudehüllen, wird sich daran nicht viel ändern. Die Abwägung «isolieren oder heizen» wird stark beeinflusst durch die Dauer der Heizperiode. Häuser im hohen Norden oder in den Bergen mit langen kalten Wintern werden traditionsgemäss besser isoliert als in südlichen Gefilden mit kurzen und milden Wintern. Mit der eingeschlagenen Klimapolitik verliert diese Abwägung ihre Bedeutung. Ziel ist es, das Feuer aus den Gebäuden zu verbannen[55]. Elektrisch betriebene Wärmepumpen machen das technisch möglich. Mit der Wärmepumpe alleine ist es aber noch nicht getan, wie bereits oben erläutert gehören periphere Anlagen dazu. Wartungskosten und Lebensdauer dieser immer anspruchsvolleren Geräte werden oft nicht berücksichtigt. Aus eigener beruflicher Erfahrung kann ich einzig bei der Lebensdauer und Wartung von Erdwärmesonden Entwarnung geben. Da fallen keine nennenswerten Unterhaltskosten an. Bei einer falschen Auslegung können allerdings

Übernutzungserscheinungen auftreten. Dann liefert das Erdreich keine Wärme mehr, die Wärmepumpe wird zu einer elektrischen Heizung.

Für eine Sanierung ist ein simpler Vergleich der Stromrechnung der Wärmepumpe mit der Heizölrechnung zu kurz gegriffen. Strom wie Heizöl sind variable Kosten und beide Ressourcen haben variable Preise. Heizöl und Strom sind steuerlich stark belastet. Bereits heute betragen die Energiekosten auf der Stromrechnung nur noch 35 %, der Rest entfällt auf Netzgebühren, Dienstleistungen und Abgaben. Inklusive Mehrwertsteuer belaufen sich alleine die Abgaben bereits auf 15 %. Eine verlässliche Langzeitbudgetierung ist deshalb auch beim Strom nicht mehr möglich. Die Kosten werden immer mehr staatlich und nicht mehr vom Markt gesteuert.

Besonders beim Energieverbrauch der Gebäude wird in erster Linie auf die Vermeidung von CO_2-Emissionen geschaut. Das ist definitiv zu kurz gegriffen. Dies soll im Folgenden anhand von drei repräsentativen Wohnhäusern (Abbildung 38) erläutert werden.

Links: Wohnhaus aus Schwyz SZ, 1336; eines der ältesten Häuser der Schweiz, heute am Ballenberg

Rechts: Wohnhaus im Mittelland, ca. 1930; typisch teilsanierter Wohnbestand Schweiz

Wohnhaus in Brütten ZH, 2016; erstes energieautarkes Mehrfamilienhaus der Schweiz

Abb. 38: *680 Jahre Hausbau in der Schweiz (1336–2016).*

Beim ersten Gebäude handelt es sich um das älteste bekannte Wohnhaus der Schweiz. Es stammt aus dem Kanton Schwyz, wurde 1336 gebaut und steht heute im Freilichtmuseum Ballenberg. Beim zweiten Haus handelt es sich um ein durchschnittliches älteres Einfamilienhaus, Standort Raum Olten, erbaut 1930 und teilsaniert 1990, im Folgenden «0815» genannt. Beim dritten handelt es sich um das erste energieautarke Mehrfamilienhaus der Schweiz, eingeweiht 2016 in Brütten, Kanton Zürich, im Folgenden als «Hi-Tec» bezeichnet. Bei allen drei Häusern interessieren nicht nur die Treibhausgasemissionen während des Baus und im Betrieb, sondern auch die Umweltbelastung und die versteckte graue Energie ebenfalls beim Bau und im Betrieb. Die Untersuchung hatte ich mit Hilfe der Ökobilanzierungstabellen der Koordinationskonferenz der Bau- und Liegenschaftsorgane der öffentlichen Bauherren (KBOB) durchgeführt.

Wenig überraschend schneidet das energetische Vorzeigegebäude in Brütten bei den Treibhausgasemissionen im Betrieb hervorragend ab. Allerdings siegt trotzdem das Haus «Ballenberg». Dieses hat zwar einen massiv höheren Heizbedarf. Die damaligen Häuser hatten nicht mal Glasfenster. In den kalten Wintermonaten wurden die Fensteröffnungen mit Kuhhäuten verschlossen. Geheizt wurde nur am Herd mit Holz. Der Wärmeverbrauch pro Quadratmeter lag mindestens 15 Mal höher als im «Hi-Tec»-Haus. Das Verbrennen von Holz gilt aber als klimaneutral. Es fallen deshalb keine kalkulierbaren Treibhausgasemissionen an. Besser als das «Hi-Tec»-Haus ist es jedoch aufgrund seiner Bauweise. Es wurde ohne Maschinen erstellt. Am schlechtesten schneidet bei den Treibhausgas-Emissionen das 0815-Haus ab. Es repräsentiert die durchschnittliche Wohnsubstanz der Schweiz und steht im Fokus aller Energiesparbemühungen.

Bei der grauen Energie ergibt sich ein anderes Bild. Zum Betrieb und Unterhalt der Häuser «Ballenberg» und «0815» werden laufend, aber in geringem Masse, Stoffe verbraucht, die einen leicht höheren Anteil an grauer Energie ausweisen als das «Hi-Tec»-Haus. Dieser ist jedoch über eine Lebensdauer von fünfzig Jahren aufgerechnet immer noch geringer als die graue Energie, die zum Bau des «Hi-Tec»-Hauses aufgewendet wurde. In dieser Kategorie verliert das «Hi-Tec»-Haus.

Ein ähnliches Bild präsentiert sich bei der Umweltbelastung. Im Betrieb ist das «Hi-Tec»-Haus vorbildlich und gewinnt den Vergleich mit Leichtigkeit. Die Bilanz wird jedoch durch die Umweltbelastung beim Bau, respektive der Baumaterialien, nicht nur getrübt, sondern ins Gegenteil verkehrt. Über die betrachtete Lebensdauer von fünfzig Jahren weisen die beiden alten Häuser nur die halbe Umweltbelastung auf.

In dieser Studie nicht untersucht wurden die Kosten der drei Häuser, weder für deren Bau noch für deren Betrieb. Der Vergleich verdeutlicht, dass eine Fokussierung auf die Treibhausgase alleine ein unvollständiges und in Bezug auf Ressourcen- und Umweltbelastungen sogar ein falsches Bild abgibt. Es ist dringend erforderlich, dass solche ganzheitliche Betrachtungen in der Energie- und Umweltpolitik Eingang finden.

Symptomatisch für diese einseitige Betrachtung ist alleine schon, dass in den Medien und der Politik praktisch nur noch über Klimapolitik gesprochen wird. Der Begriff Umweltpolitik ist aus dem öffentlichen Diskurs nahezu verschwunden.

12.3 Denkbare Szenarien

Die Zukunft vorauszusagen gelingt nie. Zu viele Unbekannte sind im Spiel. Die Entwicklung von Wirtschaft und Gesellschaft kann selbst bei Nationen überschaubarer Grösse nicht vorhergesehen werden, geschweige denn weltweit. Es sind immer disruptive Prozesse wie unvorhersehbare Krisen und Kriege, welche die Karten neu mischen und veränderte Ausgangslagen schaffen. Die Geschichte zeigt, dass Energierohstoffe in der Geopolitik eine wichtige Rolle spielen, dass aber Engpässe und Krisen in der Versorgung nie auf einen Mangel der Ressourcen an sich, sondern immer nur auf politische Ereignisse und politische Konstellationen zurückzuführen sind. Diese Beobachtung deckt sich mit der Feststellung, dass es auf diesem Planeten keinen Mangel an Energieressourcen gibt.

Der Wohlstand von Ländern, aber auch Personen korreliert in einem starken Mass mit deren Energiekonsum (Abbildung 39). Abweichungen von der Trendlinie sind ein Mass zur Effizienz des Konsums.

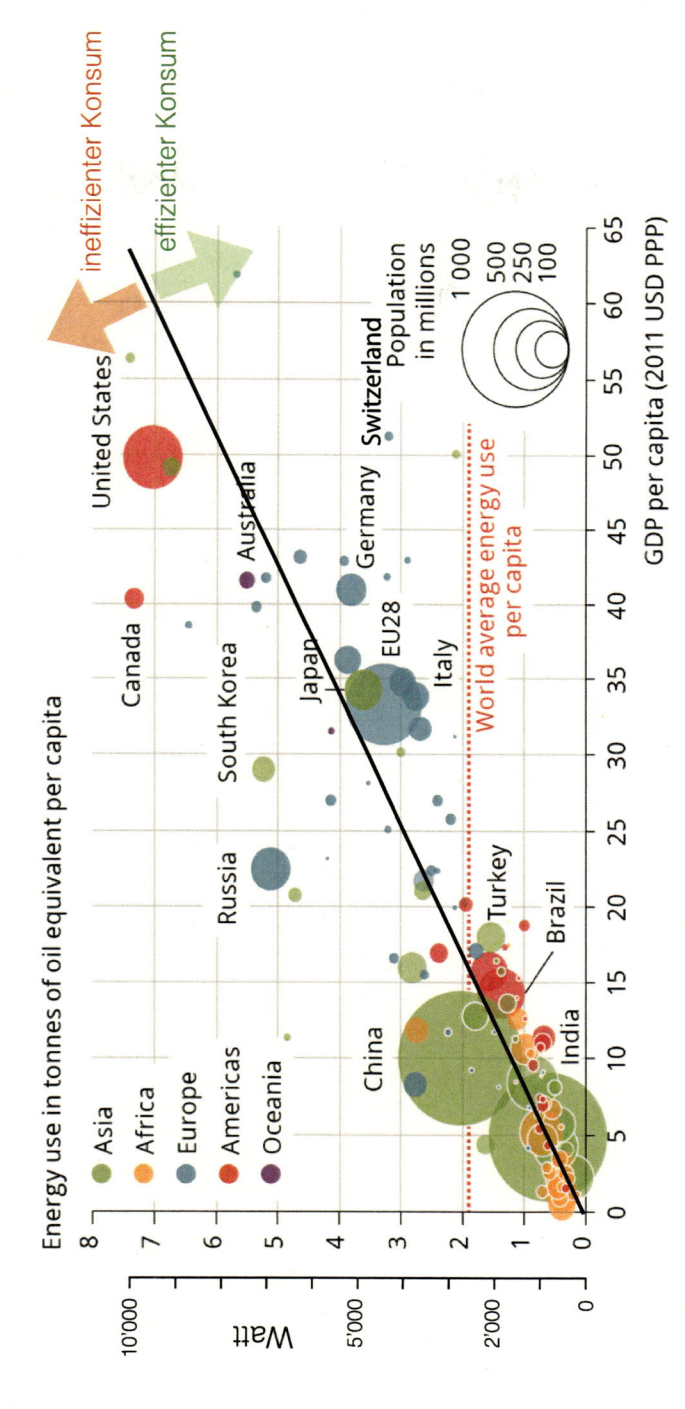

Abb. 39: Korrelation von BIP und Energiekonsum. Quelle: European Environment Agency

In der Abbildung 39 verwendete die europäische Umweltbehörde den individuellen Energieverbrauch in Tonnen-Öl-Äquivalent als Mass. Eine Tonne Öl-Äquivalent entspricht ungefähr einer ununterbrochenen Leistung von 1340 Watt während eines ganzen Jahres. Der Mittelwert des Pro-Kopf-Verbrauchs liegt bei knapp 2 Tonnen Erdöl pro Jahr, in den Vereinigten Staaten liegt der Verbrauch bei 7 Tonnen. Die grosse Mehrheit der Weltbevölkerung strebt höheren Wohlstand an. Der globale Energiekonsum wird sich in den nächsten Jahren zweifellos erhöhen. Politisch steuerbar dürfte allenfalls der effiziente Gebrauch von Energie sein. Eine künstliche Beschränkung erscheint unrealistisch. Hochentwickelte Nationen wie die Vereinigten Staaten und Kanada könnten ihren Beitrag mit Effizienzsteigerungsmassnahmen leisten, während es grossen Staaten wie China und Indien nicht möglich sein wird, den Wohlstand anzuheben, ohne den Pro-Kopf-Konsum gleich zu halten. Das Ziel der 2000 Watt Gesellschaft ist es, den jährlichen Energiekonsum pro Kopf auf 17'500 kWh Energie zu beschränken. Geteilt durch die Dauer eines Jahres, 8760 Stunden, ergibt das dann eben die genannten 2000 Watt. So etwas ist ohne Wohlstandsverlust nicht möglich, auch wenn das immer wieder behauptet wird. Die Forderung ist auch nicht zu Ende gedacht[56]. Aus der Forderung geht nämlich nicht hervor, ob damit auch eine Beschränkung erneuerbarer Energieträger gemeint sei, oder ob sich das nur auf endliche Energieträger beschränke. Seit der Lancierung der Idee in den 90er Jahren an der ETH Zürich hat die Idee ausser einem Schlagwort nichts geliefert, auch wenn sich der Begriff bis in die politische Zielsetzung von Stadt-, Kantons- und selbst Bundesverwaltung eingeschlichen hat. Der haushälterische Umgang mit Energie und das Streben nach energetischer Effizienzsteigerung sollte etwas Selbstverständliches sein. Das ist ein Gebot der Ökonomie und bedarf keiner irreführenden Illusionen.

Zukunftsprognosen sind nicht möglich, aber es kann mit grosser Wahrscheinlichkeit davon ausgegangen werden, dass der Energieverbrauch pro Person nicht sinken wird. Effizienzsteigerungen sind sehr wahrscheinlich. Dadurch erzielte Einsparungen werden jedoch meist durch neue technische Hilfsmittel wettgemacht.

In der Schweiz werden die Reduktionsziele des im Mai 2017 vom Volk angenommenen Energiegesetzes mit grosser Wahrscheinlichkeit nicht erreicht. Eine Reduktion des Stromverbrauchs pro Kopf um 13 % bis ins Jahr 2030 und eine Reduktion des Gesamtenergieverbrauchs pro Kopf um 43 % im selben Zeitraum sind nicht realistisch. Das Erreichen der Ziele stand vermutlich selbst bei den Befürwortern gar nicht im Vordergrund. Wenn sich abzeichnet, dass die Ziele nicht zu erreichen sind, hat die Exekutive jetzt damit die Möglichkeit, Restriktionen auf dem Verordnungsweg zu beschliessen. Im Gesetz ist somit ein Ausbau des Staatseingriffs eingebaut.

Mit dem Wegfall der Kernkraftwerke werden Stromimporte steigen. Die CO_2-Belastung der Elektrizität wird damit steigen und das Erreichen CO_2-Reduktionsziele verunmöglichen. Die CO_2-Ziele werden deshalb nicht verschwinden, auch wenn niemand mehr daran glauben wird, dass sie je erreicht werden. Die Erkenntnis wird sich früher oder später durchsetzen, dass mit Reduktionsmassnahmen der Klimawandel nicht zu beeinflussen ist. Die Reduktionsziele werden trotzdem bleiben. Das Erfassen der anthropogenen Treibhausgas-Emissionen ist ein praktisches Messsystem, um den Ausstieg aus fossilen Energieträgern zu überwachen.

Der Ausstieg aus den Fossilen wird über mehrere Stufen ablaufen, und zwar langsamer als vorgesehen. Der Gebrauch von Kohle wird bei der Stromproduktion kontinuierlich durch Gaskraftwerke ersetzt. Das ist die effizienteste Methode der CO_2-Reduktion. Das ist ein Schritt, der sich auch ökonomisch aufdrängt. Die CO_2-Emissionen von Gas zur Produktion der gleichen Menge Strom sind um 40 % geringer als bei Kohle. Die Gaspreise werden aufgrund der grossen Reserven noch über viele Jahre tief bleiben.

In der Schweiz wird Gas seine Stellung noch sehr lange behalten und eher noch weiter ausbauen. Vermutlich wird sich der Gasverbrauch bei der individuellen Gebäudebeheizung rückläufig entwickeln, jedoch bei der Fernwärmeversorgung zulegen. Wie sich der Markt gasbetriebener Fahrzeuge entwickeln wird, lässt sich noch nicht beurteilen. Als griffige CO_2-Reduktionsmassnahme wäre das durchaus sinnvoll. Auch die Autoindustrie schliesst eine solche Entwicklung nicht aus. Das hängt davon, ob man die Kundschaft mit attraktiven Fahrzeugen gewinnen kann. Fahrkomfort, Preis, Reichweite und Lademöglichkeit müssen überzeugen.

Noch nicht absehbar ist, wie sich die Förderung von Gashydraten, zuerst vermutlich in Asien, entwickeln wird. Eine kommerzielle Förderung dürfte auf dem Energiemarkt noch die grössere Revolution auslösen als der Durchbruch des Fracking. Die globalen Gasreserven würden sich beinahe um eine Grössenordnung vergrössern. Damit verzögert sich ein Ausstieg aus Fossilbrennstoffen weit über das laufende Jahrhundert hinaus. Billiges Gas wird auch Erdöl verdrängen. Öl wird seine Bedeutung als Treibstoff ausser bei der Luft- und Seefahrt einbüssen. Die beiden letztgenannten Märkte entziehen sich bisher sowieso erfolgreich nationalen Regulierungen. Als wichtigster Rohstoff der chemischen Industrie und zur Herstellung von Kunststoffen wird Erdöl seine Bedeutung noch auf unabsehbare Zeit behalten.

Insgesamt wird sich der Energiemix weltweit und lokal vergrössern. Photovoltaik, solarthermische Kraftwerke und Windkraft werden weltweit einen Zuwachs erfahren und einen namhaften Beitrag zur Stromversorgung liefern. Die Vorteile sind offensichtlich: Nachhaltigkeit ist das Eine. Nicht zu unterschätzen sind die Vorteile dezentraler Versorgung. Die Grösse einzelner Anlagen ist praktisch stufenlos skalierbar, entsprechend bleibt auch das Investitionsrisiko überschaubar. Bei langfristig gesicherten Abnahmeverträgen besteht kaum noch ein Risiko auf Verlust. Das Geschäft wird sich gut entwickeln, bis eine Marktdurchdringung erreicht wird, bei welcher die nicht regulierbare Produktion zur Belastung wird. Die Attraktivität, in Wind und Sonne zu investieren, wird genau dann verschwinden, wenn die Kosten der dafür notwendigen Back-up-Systeme, Speicher- und Netzausbauten nicht mehr den Netzbetreibern und den Endkunden angelastet werden können, sondern die Betreiber nach dem Verursacherprinzip dafür aufkommen müssen.

Eine vollständige Substitution aller Kernkraftwerke und fossil betriebenen Kraftwerke mit Erneuerbaren erachte ich als unrealistisch. Zu viele Faktoren sprechen gegen dieses Wunschszenario. Ungelöst bleibt die saisonale Speicherung. Schon die kurzfristige Speicherung erfordert neben den Investitionen in Solar- und Windanlagen enorme Zusatzinvestitionen in Batterien. Mit heutiger Batterietechnologie ist die Tagesspeicherung nicht nur ein Kosten-, sondern auch ein Ressourcenproblem. Die systembedingt beschränkte Lebensdauer chemischer Batterien verlangt den Aufbau einer völlig neuen Produktions- und Recyclingindustrie. Doch die unüberwindbare Hürde, welche die vollständige Substitution konventioneller Energiesysteme mit Erneuerbaren (EE) ausschliesst, ist die damit verbundene Verschlechterung des Verhältnisses von gewonnener zu investierter Energie. Auf die Relevanz der EROI (Energy returned on energy invested) wird im Kapitel 12.5 näher eingegangen.

In der Speichertechnik werden garantiert Fortschritte erzielt, doch grosse Durchbrüche sind aufgrund physikalischer Grenzen nicht zu erwarten. Bei den Erneuerbaren wird die Wasserkraft weiterhin dominieren. Dem Ausbau sind klare Grenzen gesetzt. Holz und Biomasse inklusive die Verwertung von Abfällen wird einen Ausbau erleben, aber weiterhin eine geringe Rolle spielen. Die Geothermie bleibt mit dem Bau von Erdwärmesonden und Wärmespeichern auf dem Wachstumspfad und wird einen bedeutenden Anteil an Heizenergie bereitstellen können. Damit leistet Geothermie einen Beitrag zur Substitution von Heizöl und Erdgas. Die Stromproduktion aus Geothermie wird in Europa die gesetzten Ziele nicht erreichen. Der Entwicklungsstand der petrothermalen Geothermie ist immer noch tief. Die Entwicklung der petrothermalen Geothermie wird in Ländern wie Island, USA, Mexiko oder Indonesien stattfinden. Dort wird bereits seit Jahrzehnten aus hydrothermalen Systemen Strom produziert. Doch selbst in diesen Ländern wird die Geschwindigkeit der Entwicklung nicht von den Fortschritten in der Technologie bestimmt, sondern vom aktuellen Strompreis. Das trifft allerdings auf sämtliche Produktionsmethoden zu.

Am ungewissesten ist die Zukunft der Kernkraft. Aufgrund der extrem hohen Energiedichte und der nahezu CO_2-freien Produktion drängt sich der Ausbau von Kernkraftwerken förmlich auf. Der Trend in der Stromversorgung weist eindeutig in die Richtung dezentraler Produktionsanlagen. Die sehr hohen Investitionen in wenige grosse Kernkraftwerke schrecken Investoren deshalb ab. Dazu kommt der miserable Ruf der Kernenergie, der mit den Unfällen von Tschernobyl und Fukushima nachhaltig befeuert wird. Da nützen auch objektive Risikoanalysen nichts, welche den Kernkraftwerken die geringste Anzahl an Todesfällen pro Energieeinheit attestieren. Unattraktiv ist die Langlebigkeit radioaktiver Abfälle. Auch wenn ich als Geologe überzeugt bin, dass eine Tiefenlagerung radioaktiver Abfälle sicher lösbar ist, bleibt radioaktiver Abfall eine Hypothek. Etwas zu hinterlassen, das eine Umweltbelastung über eine kontrollierbare Zeit hinaus darstellt, ist problematisch. Trotzdem ist es falsch, die Technik abzuschreiben und schon gar zu verbieten. Gemäss den IEA und des IPCC ist eine Dekarbonisierung unserer technischen Welt ohne Kernenergie nicht möglich. Gleicher Ansicht sind auch zahlreiche weitsichtige Investoren, unter anderen Bill Gates, die in Forschung und Entwicklung der Kernenergie investieren. In Deutschland und der Schweiz werden auf absehbare Zeit keine neuen Kernkraftwerke gebaut. Dazu bräuchte es nicht einmal ein Verbot. Die heutigen Leichtwasserreaktoren, welche nur 4 % des Energieinhaltes der Brennstäbe nutzen, dürfen als Auslaufmodelle betrachtet werden.

Doch das Prinzip der Kernspaltung bleibt eine der besten Optionen, Energie hocheffizient und abgasfrei zu gewinnen. Keine Form der Energiegewinnung hat ein höheres EROI-Verhältnis als Kernenergie. In einer zukünftigen Welt mit einem steigenden Energiebedarf, jedoch mit definierten Grenzen der Belastbarkeit der Umwelt, muss diese Option offengehalten werden. Schon alleine aufgrund der physikalischen Potentiale ist das zwingend.

Die Anforderungen an akzeptable Kernkraftwerke sind hoch: Sie müssen inhärent sicher sein, das heisst, sie müssen sich beim Eintreten einer Unregelmässigkeit selbst abschalten, auch beim Wegfall jeglicher Steuerung oder wenn niemand mehr fähig ist, einzugreifen. Zweitens müssen sie mit Brennstoffen betrieben werden, welche nur noch kleinste Abfallmengen mit massiv kürzeren Zerfallszeiten liefern. Im Idealfall können solche Brennstoffe aus dem heutigen radioaktiven Abfall gewonnen werden. Damit fiele auch das Beschaffungsproblem weg. Und schliesslich sollte auch der Bau kleiner Reaktoren möglich sein. In dezentral alimentierten Netzen sind zur Stabilisierung punktuelle Quellen von Bandleistung willkommen. Das sind hohe, aber nicht unrealistische Ziele. An genau solchen Konzepten wird in mehreren Ländern, leider nicht in Europa, geforscht, allen voran in den USA. Doch hat sich China auf die Fahne geschrieben, in der Kerntechnologie die führende Weltmacht zu werden. Es ist sehr wohl möglich, dass wir dereinst hochmoderne sichere Kernkraftwerke aus China bestellen müssen. Den Solarmarkt beherrscht das Land bereits.

Die Menschheit hat in den letzten Jahrzehnten trotz Krisen und Kriegen auf praktisch allen Gebieten der Medizin, Landwirtschaft, Bildung und Technologe Fortschritte ungeahnten Ausmasses gemacht. Noch nie war die Kindersterblichkeit so gering, noch nie die mittlere Lebenserwartung so hoch und der Analphabetismus geringer, noch nie war die Nahrungsmittel-, Wasser- und Energieversorgung auf einem derart hohen Stand, und das bei stetig steigender Weltbevölkerung. Das sind Umstände, die nach den Analysen eines Thomas Malthus, eines Clubs of Rome oder der Peak Oil-Anhänger gar nie möglich sein dürften. Keines der Zusammenbruchs- und Grenzüberziehungs-Szenarien ist je eingetreten. All diese - im Nachhinein falschen Analysen - müssen von einem gemeinsamen Überlegungsfehler ausgehen. Er liegt vermutlich bei der systematischen Unterschätzung des menschlichen Geistes. «Not macht erfinderisch». Das ist nicht nur ein geflügeltes Wort. Wenn der denkende Mensch einen gefährlichen Engpass erkennt, wendet er aus Selbsterhaltungstrieb all seine Innovationskraft auf, um diesen zu lösen. Bisher wurde immer eine Lösung gefunden und zwar immer eine für die Allgemeinheit erschwingliche.

Man darf sich die Frage stellen, ob die Weltuntergangsszenarien der Klima-Apokalyptiker nötig sind, um auf die Übernutzung der Atmosphäre hinzuweisen. Wie bereits erwähnt haben Luft- und Gewässerverschmutzung direktere Schadensfolgen als die CO_2-Anreicherung der Atmosphäre. Und diese können mit verfügbaren Massnahmen auch korrigiert werden. Deshalb wird China seine Umweltprobleme auch ohne internationale Verpflichtungen zu lösen wissen.

Es wäre natürlich falsch, damit ein «Business as usual» zu rechtfertigen. Aber mehr Zuversicht als die deprimierenden Katastrophen-Szenarien, die auf unrealistischen Worst-Case-Modellen aufbauen, ist schon geboten. Ich erwarte, dass sich langsam die Erkenntnis durchsetzen wird, dass ein vernünftiger Gebrauch von Energie keine Sünde ist. Es wird nämlich immer übersehen, dass Volkswirtschaften mit einer zuverlässigen Energieversorgung nicht nur einen höheren Lebensstandard hervorbringen, sondern für ihre Umwelt auch besser Sorge tragen. Ein Besuch in Entwicklungs- und Schwellenländern dazu dürfte für viele überaus lehrreich sein. Beim Klimawandel bin ich zuversichtlich, dass gelegentlich erkannt wird, dass Investitionen in die Anpassung an den Klimawandel wesentlich sinnvoller sind als in eine gut gemeinte, aber völlig wirkungslose Steuerung des Klimas. Das ist nicht nur nutzlos, es zeugt auch von einer Fehleinschätzung unserer Möglichkeiten.

12.4 Wer kann sich das leisten?

Eine Dekarbonisierung bedeutet eine vollständige Umstellung auf erneuerbare Ressourcen und ein Verzicht auf alle fossilen Energieträger. Es ist weder sinnvoll noch möglich, eine nur halbwegs belastbare Aussage zur Grössenordnung an Investitionen für einen solchen Umbau zu machen.

Trotzdem rechnen uns Ideologen einer reinen erneuerbaren Energiewelt immer wieder vor, wie viel, respektive wie wenig, so etwas kosten würde. Oder wieviel es kosten würde, das nicht zu tun. Daraus leiten sie die Dringlichkeit ab, endlich aktiv zu werden. Hier wird nicht mehr nur für eine Rettung der Welt argumentiert, hier wird eine ökonomische Dringlichkeit vorgegeben. So rechnet uns zum Beispiel Professor Anton Gunzinger in seinem Buch «Kraftwerk Schweiz»[57] vor, dass wir in der Schweiz mit erneuerbaren Energien künftig Hunderte von Milliarden Franken günstiger fahren würden als mit dem Status quo der fossilen Brennstoffe. Die Aussage ist falsch, weil er verkennt wie Märkte funktionieren. Bei einer Dekarbonisierung werden die Fossilen nicht teurer, sondern billiger. Weshalb ist Kohle wohl so billig wie kaum zuvor? Nicht das Angebot hat zugenommen, der Bedarf ist gesunken. Deutschland betreibt deshalb die unverzichtbaren Back-up-Kraftwerke mit Braunkohle, dem billigsten verfügbaren Brennstoff

Was jedoch viel wichtiger erscheint als Zahlenspielereien ist, zu begreifen, dass die heutige Energieversorgung auf bewährten ökonomischen Kriterien aufgebaut wurde. Und das nicht von heute auf morgen, sondern über mehr als einem Jahrhundert. Da wurden Entscheide getroffen, welche zum Ziel hatten, genügend Energie zuverlässig und erschwinglich bereit zu stellen. Energieversorgung und die dazugehörige Infrastruktur sind nicht auf Geheiss von Regierungen und schon gar nicht aufgrund ideologischer Ideale entstanden. Entstanden sind Energiemärkte aufgrund von Bedürfnissen und Möglichkeiten. Das Angebot hat sich entsprechend der am besten verfügbaren Ressourcen entwickelt. Sicherlich hat die Politik in der strategisch wichtigen Energieversorgung immer Einfluss genommen. Aber bisher hat die Politik noch nie diktiert, was die beste Energieversorgung sei. Das ist neu. Der Politik scheint das Verständnis von Markt abhandengekommen zu sein.

Angebot und Nachfrage ist an jedem Ort der Welt anders. Wenn die Erdölreserven in Saudi-Arabien nur wenige hundert Meter unter dem Wüstensand liegen und in der Schweiz wasserreiche Flüsse zu Tal strömen, ist es nicht überraschend, dass Saudi-Arabien Erdöl fördert und die Schweiz mit Wasserkraft Strom produziert und nicht umgekehrt. Das Ölangebot ist in Saudi-Arabien sicher grösser als der Eigenbedarf, das Stromangebot in der Schweiz vermag etwas mehr als die Hälfte des Bedarfs zu decken. Mit dem Handel kann jedes Land aus seinem komparativen Vorteil einen Gewinn erzielen. Mit der Herstellung hochwertiger Maschinen und Uhren erzielt die Schweiz leichter ein Gewinn als die Saudis. Das ist alles weder neu noch aufregend. Aber diese einfachsten Begriffe von Markt gehen bei den Umbaufantasien zu einer erneuerbaren Energiewelt vergessen.

Natürlich kann man überall auf der Welt Solarzellen installieren. Es ist jedoch irreführend, wenn ein Solarkraftwerk in Chile als Referenz aufgeführt wird, dass Solarstrom jetzt schon billiger sei als Strom aus fossil befeuerten Kraftwerken. Es gibt kaum einen besseren Ort auf der

Welt, um Solarstrom zu produzieren als die chilenische Atacamawüste. Die Wüste liegt im Aequatorialbereich. Das heisst, zweimal im Jahr steht die Sonne vertikal über dem Kraftwerk. Wolken und Niederschläge sind dort beinahe unbekannt. Saisonale Unterschiede fallen beinahe nicht ins Gewicht. Nur nachts scheint auch dort die Sonne nicht. Der sensationell tiefe Produktionspreis von 3 US-Cent pro Kilowattstunde bezieht sich deshalb auch nur auf die Tageszeit. Nachts muss der Strom anders produziert werden, mit grosser Wahrscheinlichkeit fossil. Solaranlagen in höheren Breitengraden werden da nie mithalten können, schon alleine wegen der Saisonalität der Produktion. Mit derselben Argumentation könnte man den Saudis schmackhaft machen, Wasserkraftwerke in deren Wadis zu bauen.

Für eine kohärente Energiepolitik braucht es mehr als guten Willen und Ideologie. Fachwissen ist am Schluss entscheidend. Leider sind in den politischen Entscheidungsgremien immer mehr Interessenvertreter und immer weniger Fachleute eingebunden. Wie Metastudien – also Studien über Studien – zu unbrauchbarer Information verkommen können, sei am Beispiel der bundesrätlichen Zielvorgabe zur Geothermie gezeigt. Bis heute wird in der Schweiz mit Geothermie kein elektrischer Strom erzeugt. Die Grundlagen- und die angewandte Forschung der letzten zehn Jahre haben gezeigt, dass die Technologie einen langen Weg vor sich hat und bis heute noch kein Durchbruch zu einer wirtschaftlichen Lösung erkennen lässt. Trotzdem wird ohne jegliche Konsultation von erfahrenen Fachleuten eine Wunschzahl von 4.4 Terrawattstunden genannt. Unterdessen wurde der realisierbare Wert bis im Jahr 2050 auf 3.5-4 TWh heruntergesetzt, wiederum ohne irgendwelche nachvollziehbare Daten. Auch dieser Wert ist aus der Luft gegriffen und basiert nicht auf Wissen. Er stammt aus einer Meta-Studie der Gruppierung «Energie-Trialog Schweiz» zu den Potentialen der Erneuerbaren[58]. Zum Potential der Geothermie nimmt diese Metastudie Bezug auf sechs unterschiedliche Studien. Nachweislich war auch in keiner dieser sechs Studien ein Fachmann der Materie eingebunden.

Dieser kurze Exkurs zeigt auf, dass auf Zahlen betreffend Potentiale kein Verlass ist. Da nützt es auch nichts, wenn man das nicht Zielvorgaben, sondern Richtwerte nennt. Die Zahlen bleiben einfach falsch. Problematisch sind sie vor allem, wenn sie ein ganzes politisches Programm untermauern. So haben die Stimmberechtigten der Stadt Zürich der Idee einer 2000 Watt-Gesellschaft zugestimmt. Mit grosser Wahrscheinlichkeit kann nicht ein Bruchteil der Stimmenden nachvollziehen, was das in Tat und Wahrheit bedeutet und was eine solche Umsetzung auf den persönlichen Lebensstil bedeuten würde. Mit Sicherheit kann gesagt werden, dass bei einem 2000 Watt-Verbrauch jedes Individuums die Stadt Zürich jegliche wirtschaftliche Bedeutung verlieren würde. Die Leute müssten sich auf einen Lebensstandard der fünfziger Jahre einstellen. Das bedeutet einen Verzicht auf Flugreisen und höchstens ein Personenwagen auf zehn Leute. Das Angebot an Kleidung, Lebensmittelauswahl, Gastronomie und Unterhaltung wäre massiv reduziert. Bei der medizinischen Versorgung würden sämtliche modernen Untersuchungsmethoden, wie zum Beispiel die Magnetresonanztomographie MRT wegfallen. Die mechanisierte Bauwirtschaft käme zum Erliegen. Es ist unverantwortlich, solche unrealistischen Vorgaben zum politischen Leitbild zu erheben.

Eine solche Selbstkasteiung kann nur in einer Gesellschaft entstehen, die nicht mehr fähig ist, die Grundlagen ihres Wohlstandes zu begreifen. In Ländern mit einem bescheideneren Lebensstil und in der Regel eben auch einem geringeren Energieverbrauch kommen solche Bewegungen gar nicht zustande. Die grosse Mehrheit der Weltbevölkerung lebt mit geringerem Wohlstand. Dank weltumspannender Kommunikation, mit welcher unser Wohlstand per Smartphone bis in die hinterste Lehmhütte projiziert wird, kann davon ausgegangen werden, dass die Massen nicht freiwillig auf das Erreichen unserer Standards verzichten werden.

Die Grundlage von Wohlstand ist Industrie und Handel, eingebettet in ein funktionierendes Rechtssystem. Um dies aufzubauen, braucht es Investitionen in produktive Betriebe, sei das Landwirtschaft, Industrie oder Gewerbe. Das braucht Energie, zuverlässige und erschwingliche Energie. Es ist illusorisch zu meinen, dass die Kleidungsmanufaktur in Bangladesch mit Windrädern und Solarpaneelen aufgebaut werden kann oder der Schiffsbauer auf den Philippinen auf den Gebrauch von Dieselmotoren verzichtet. Wir machen laufend den Fehler, uns selbst als Massstab zu nehmen und die Reduktionen, die wir eventuell bereit wären, anzunehmen, auf den Rest der Welt zu projizieren.

Entwicklungs- und Schwellenländer werden sich der erschwinglichsten Energieressourcen bedienen. Wenn wir es tatsächlich schaffen sollten, aus ideellen Gründen auf Erneuerbare umzuschwenken, dann nur, weil wir es uns leisten können. Ob wir dann unseren zivilisatorischen Vorsprung halten können, ist eine andere Frage. Auf jeden Fall würden fossile Energieträger durch den Wegfall unseres Bedarfs billiger und für andere umso erschwinglicher. Ein weltweiter Ausstieg aus fossiler Energie ist daraus beim besten Willen nicht abzuleiten.

Unter diesen Vorzeichen rückt die Dekarbonisierung der Welt in weite Ferne. Denkbar wird sie erst, wenn Energiegewinnungsmethoden erfunden werden, die den Preis fossiler Energie unterbieten und mindestens so zuverlässig funktionieren. Alles andere ist Wunschdenken.

12.5 Relevanz des EROI

Erneuerbare Energieressourcen haben die intrinsische Eigenschaft, dass sie nicht beschränkt sind. Man kann sie in diesem Sinne nicht ausbeuten. Das heisst aber nicht, dass sie unbeschränkt verfügbar sind und dass man sie lokal nicht übernutzen kann. Es hilft nicht zu wissen, dass die Einstrahlung der Sonne auf die Erde den menschlichen Energiebedarf um das Sechstausendfache übertrifft. Auf der Erde wächst auch ein Tausendfaches mehr an Pflanzen, als wir zur Ernährung benötigen. Entscheidend sind das Ernten, die Speicherung, der Transport, die Nutzung und der zurückbleibende Abfall. Diese Anforderungen stellen sich bei jeder Form von Energie, erneuerbar oder endlich. Eine Energienutzung ohne Auswirkung auf die Umwelt gibt es nicht. Ein objektiver, quantifizierbarer Vergleich aller Methoden ist nur möglich unter Bewertung sämtlicher Schritte, von der Ernte bis zum Abfall. Solche Lebenszyklus-Analysen oder Englisch «cradle to grave life cycle assessments» sind anspruchsvoll. Lokale Gegebenheiten und bestehende Rahmenbedingungen müssen beachtet werden, Die Resultate sind deshalb meist standortspezifisch.

Als speziellen Aspekt möchte ich hier das Verhältnis des EROI beleuchten. EROI ist ein Kürzel für Energy Returned on Energy Invested, also wieviel Energie in ein System hineingesteckt werden muss und wieviel Energie über seine Lebensdauer herauszuholen ist. Damit sich ein Energiesystem rechtfertigt, muss das Verhältnis von Energieertrag grösser sein als die Energie-Investition. Sonst wird eine Energiegewinnungsanlage zu einer Energievernichtungsanlage. Über die Auslegung von EROI-Analysen ist nun mit einer peer reviewed Publikation der Ingenieurwissenschaftler Ferruccio Ferroni und Robert Hopkirk[59] eine fachliche Kontroverse ausgebrochen. Der Streit dreht sich um die Grenzen der Bewertung. Nach bisherigen Standards beschränkt sich eine EROI-Berechnung auf den Energieaufwand zum Bau und Betrieb einer Anlage, jedoch nicht auf die Teile, die zur Speicherung und Verteilung benötigt werden und auch nicht auf die graue Energie, welche den peripheren Anlageteilen innewohnt. Zweifellos macht nur eine Gesamtanalyse Sinn. Offen bleibt einzig, ob konventionelle Systeme mit denselben Systemgrenzen evaluiert werden. Dass bei der Photovoltaik die Speicherung in die Berechnung der EROI gehört, geht aus folgender Betrachtung hervor:

Ein Speicher produziert keine Energie, Speicherung ist immer mit einem Energieverlust verbunden. Wenn von effizienten Systemen die Rede ist, muss nach Möglichkeit eine Speicherung vermieden werden. Speicherung macht nur dann Sinn, wenn der Wert der Energie zu einem anderen Zeitpunkt höher ist als zum Zeitpunkt von deren Generierung. Speicherung ist eine ökonomisch, keine energetisch sinnvolle Massnahme. In physikalisch optimierten Energiesystemen tendiert der Speicherbedarf gegen Null. Bei stochastisch intermittierenden Energieressourcen wächst der Speicherbedarf jedoch nahezu linear mit dem Anteil der erzeugten Energie. Nach dem Energieerhaltungssatz geht Energie nie verloren. Das stimmt allerdings nicht für den Anteil an Exergie, den Energieanteil, der Arbeit leisten kann. Der kann verlorengehen, und zwar als Wärme.

Das spielt bei der Analyse elektrischer Systeme eine entscheidende

Rolle. Elektrischer Strom lässt sich zwar bis auf Reibungsverluste in Motoren vollständig in Arbeit umwandeln. Die Stromerzeugung mit einer Photovoltaikzelle und die Übertragung des Stroms auf eine gleichzeitig arbeitende Maschine ist ein effizienter Prozess. Bei einer solchen Betrachtung liegt der EROI von Solarstrom in der Grössenordnung von 10. Kommt aber die Speicherung mit ihren Kosten und Verlusten dazu, sinkt der EROI unter das Limit von 5. Ein EROI von 5 wird von Murphy & Hall[60] als unterstes Limit für eine ökonomisch nutzbare Energiequelle angesehen.

Zukünftige Energiepolitik muss sich mit solchen komplexen Fragestellungen auseinandersetzen. Die simple Fokussierung auf CO_2-Reduktion wird der Herausforderung für eine nachhaltige Energiezukunft nicht gerecht.

12.6 Zukünftiger Energiemix

Der zukünftige Energiebedarf wird sich durch eine Zunahme des Stromverbrauchs auszeichnen. In technisch hochentwickelten Ländern dürfte sich der Gesamtenergiebedarf ungefähr auf dem gleichen Niveau wie heute einpendeln. Der Pro-Kopf-Verbrauch könnte allenfalls geringfügig sinken. Zuwanderung respektive die Bevölkerungsentwicklung im Gesamten wird einen bedeutenderen Einfluss auf den Energieverbrauch haben als technologische Veränderungen. Anders in den Entwicklungs- und Schwellenländern. Dort wird der Energiebedarf in jeder Beziehung steigen und zwar schneller als der grösste Zubau von neuen Erneuerbaren möglich ist. Im BP Energy Outlook 2035[61] wird von einer Zunahme des globalen Energiekonsums bis 2035 von 41 % gegenüber 2012 ausgegangen. Obwohl das eine Entschleunigung des Wachstums im Vergleich zum letzten Jahrzehnt ist, geht die Studie von einer Zunahme des Energiebedarfs aus, etwas langsamer bei Kohle und Kernenergie, am schnellsten bei den neuen erneuerbaren Energien. Trotzdem werden diese auch 2035 immer noch weniger als 10 % Anteil in der Gesamtversorgung decken (Abbildung 40).

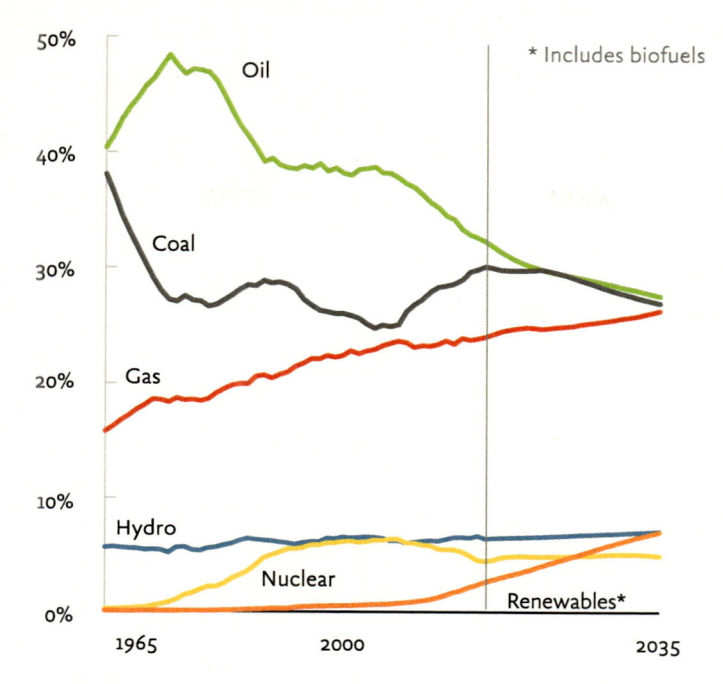

*Abb. 40: Anteil der Primärenergieträger an der globalen Energieversorgung bis 2035.
Quelle: BP Energy Outlook 2035*

Eine Abnahme des Anteils von Öl und Kohle bedeutet noch keinem Ausstieg aus den Fossilen. Im Zuge des stark steigenden Gesamtbedarfs nimmt auch der Verbrauch von Erdöl und Kohle weiter zu, nur in geringerem Masse als die anderen. Aus diesen Projektionen ist kein Trend zur Dekarbonisierung erkennbar.

Davon kann bestenfalls in den technisch hochentwickelten Ländern die Rede sein. Auf den globalen Konsum und entsprechend auf eine allfällige Klimawirksamkeit wird das folgenlos bleiben.

Die BP-Projektionen basieren auf heutiger Kenntnis. Sie können unerwartete technologische Durchbrüche und Verwerfungen in der Energieversorgung nicht vorwegnehmen. Eine Andeutung auf eine potentielle Verwerfung waren zwei nahezu gleichzeitige Pressemitteilungen aus China und Japan, dass es gelungen sei, Gashydrate vom Meeresboden kommerziell zu fördern. Eine kommerzielle Erschliessung dieser gigantischen Ressource hat das Potential, alle bisherigen Prognosen der Energieversorgung über den Haufen zu werfen. Entscheidend über Erfolg oder Misserfolg werden die Produktionskosten sein. Liegen sie tiefer als für Kohle, kann das zu einer CO_2-Reduktion führen, ähnlich wie das beim Schiefergasboom in den Vereinigten Staaten eingetreten ist.

Spätestens bei einem solchen technischen Durchbruch wird sich entscheiden, was höher zu gewichten ist: eine potentielle Destabilisierung grosser submariner Ökosysteme oder CO_2-Reduktionsziele.

Eine weitere Unbekannte ist die Entwicklung der Kernkraft. Der Ausstieg aus der Kernkraft ist nur in Deutschland und der Schweiz beschlossene Sache. Das ergibt noch keinen Trend und ist kein Hinweis auf die weltweite Entwicklung. Das Potential für Durchbrüche ist in der Kerntechnologie grösser als anderswo. Anders als in der Schweiz und Deutschland wird in China, den USA, Russland, Indien und den arabischen Staaten der Kernenergie eine gewichtige Rolle bei der Dekarbonisierung zugedacht.

Bei der Kernfusion sind noch keine Durchbrüche erkennbar. ITER, das einzige namhafte Forschungsprojekt mit einer Beteiligung der EU inklusive der Schweiz, Japan, Russland, China, Südkorea, Indien und der USA, leidet seit Jahren unter Verzögerungen. Nach neuesten Mitteilungen ist mit dem ersten Nachweis der Machbarkeit einer kontrollierten Fusion nicht vor 2025 zu rechnen. Ein erster Reaktor oder besser ein erstes Reaktorsystem unter dem Namen DEMO wird parallel dazu entwickelt und frühestens ab 2050 einen Demonstrationsbetrieb aufnehmen. Damit hält sich die in Aussicht gestellte Entwicklungszeit beinahe konstant auf dreissig Jahren. Das ist keine Absage an die Technologie, aber ein klares Zeichen, dass ein entscheidender Durchbruch immer noch nicht zu erkennen ist.

Ob mit oder ohne Gashydrat, ob mit oder ohne Kernfusion, der Energiemix der Zukunft wird auf jeden Fall vielfältiger sein. Erneuerbare werden eine wichtige Rolle spielen, doch sie werden die globale Energieversorgung nicht dominieren. Die Dekarbonisierung wird ein langfristiges Ziel bleiben. Für eine vollständig dekarbonisierte Energieversorgung bis Ende des Jahrhunderts braucht es auf irgendeinem Gebiet noch eine ungeahnte Erfindung, sonst wird nichts daraus.

13 Schlusswort

Für alle, die sich mit dem Thema Energie auseinandersetzen und für alle, denen eine funktionierende Weltgemeinschaft in einer intakten Umwelt ein Anliegen ist, bedeutet das eine spannende Zukunft.

Ich bin zuversichtlich, dass sich die Weltgemeinschaft wie bisher auch mit unvermeidbaren Fehlleistungen nach dem Prinzip von Trial and Error durchringen wird. Schlussendlich dürfte sich nach wie vor die Lösung durchsetzen, welche den meisten Nutzen bringt. Das muss nicht notwendigerweise auch die populärste Lösung sein.

Die schon beinahe pathologische Fokussierung auf eine CO_2-Reduktion, unter Ausblendung aller anderen Umweltbelastungen führt zu Fehlleistungen. Man wird diese leider erst nach Jahren erkennen und korrigieren. Mit grosser Gewissheit wird ein menschenverursachter Klimakollaps nicht stattfinden. Ausgenommen sind unvorhersehbare natürliche Ereignisse wie ein gewaltiger Vulkanausbruch oder ein Kometeneinschlag. In historischer Erinnerung bleibt der Ausbruch des Tambora im Jahr 1815, der eine globale Klimaveränderung bewirkte. In Folge kam es auf der nördlichen Hemisphäre 1816 zum «Jahr ohne Sommer» mit Missernten, erhöhter Sterblichkeit und der schlimmsten Hungersnot des 19. Jahrhunderts. Notabene war das eine Abkühlung und keine Erwärmung, welche die negativen Folgen verursachte.

Angstmachern, welche mit religiösem Eifer den Klimakollaps predigen und verlangen, dass man sich reuig einem anderen Lebensstil beugen müsse, ist eine Absage zu erteilen. Weltuntergangsprediger hat es schon immer gegeben und sie werden auch nicht auszurotten sein. Eine unerklärliche Lust auf Erbsünde scheint sie zu befeuern. Die Menschheit hat bisher alle Apokalyptiker überlebt. Wenn schon von Sünde die Rede ist, dann existiert sie höchstens bei denen, die mit ihren Prophezeiungen Partikularinteressen durchsetzen wollen.

Auch Denkernationen sind vor Fehlern nicht gefeit. Immerhin hat die Klimapolitik in Deutschland eine gigantische Umverteilung ausgelöst, ohne messbare Dekarbonisierung, geschweige denn eine Klimawirkung. Es ist eine Frage der Zeit, bis der eingeschlagene Irrweg korrigiert wird.

Und es wird ebenfalls noch eine gewisse Zeit dauern, bis sich die Erkenntnis durchsetzt, dass eine Klimasteuerung mittels CO_2-Reduktionsmassnahmen nutzlos und nicht möglich ist. Eine aktive Klimasteuerung durch CO_2-Entzug aus der Atmosphäre ist abzulehnen, genauso wie andere Geo-Engineering-Bestrebungen, womit aber das Ziel einer Abkehr von den fossilen Treib- und Brennstoffen nicht dahinfallen sollte.

Ein geordneter Ausstieg aus der Abhängigkeit von Fossilen ist anzustreben. Die Geschichte eines bevorstehenden Klimakollapses ist nicht dienlich. Die unmittelbaren Immissionen auf Mensch und Umwelt durch Feinstaub, Russ und direkte Gewässer- und Bodenverschmutzung, die jedes Jahr anfallen, sind schädlicher als eine globale Erwärmung um 0.03 Grad pro Jahr.

Mit einem sachlichen, ideologiefreien Ansatz ist langfristig mehr zu erreichen. Energie ist keine Mangelware. Energie hat es immer genug gegeben und an Energie wird es auch in Zukunft nicht mangeln. Wenn man die Gewinnung einiger Ressourcen wie Sonne und Wind subventioniert, wird das Angebot nicht vergrössert, nur verzerrt. Damit werden die Energieträger Kohle, Erdöl und Gas nicht teurer, sondern billiger. Umso weniger werden sie verschwinden. Der Ausstieg aus den Fossilen wird so verzögert anstatt gefördert.

Der Ausstieg aus den Fossilen gelingt erst mit einer Energiegewinnungsmethode, die billiger, zuverlässiger und vorteilhafter ist als alles Bisherige. Dazu braucht es Erfindungen, keine Subventionen, keine Verbote, nur Grips und die Freiheit, diesen zu gebrauchen. Innovationsfreiheit ist der Nährboden für Fortschritt. Innovation lässt sich weder anordnen noch planen. Dazu braucht es Rahmenbedingen, bei welchen Fantasie und Mut zum Risiko belohnt wird. Planwirtschaftliche Zielvorgaben sind da nicht dienlich.

In der Wohlstandsgesellschaft, in der wir leben, haben wir mehr zu verlieren als zu gewinnen. Dieser Umstand hemmt uns, Risiken einzugehen. Das äussert sich in zunehmender Technologiefeindlichkeit und einer wachsenden Skepsis gegenüber komplexen Systemen.

Forschung und Entwicklung ist ohne das Eingehen von Risiken und ohne das Inkaufnehmen von Rückschlägen nicht möglich. Der eingeschlagene Weg der Energiewende gilt als risikoarm, ein wichtiges Argument für Investoren. Doch Risikoaversion ist der Tod von Innovation. Zum Erhalt unseres privilegierten Lebensstils wäre es fatal, nichts Neues mehr zu wagen. Rückschläge und Fehler müssen erlaubt sein. Aber wenn man Fehler erkennt, muss man darauf hinweisen und aus dem Gelernten aufzeigen, wie man sie korrigieren kann. Ich hoffe, dass mir das mit diesem Buch ein Stück weit gelungen ist.

14 Bibliographie

1. Reilly, J. et al., (2015): Energy & Climate Outlook. Perspective from 2015.- MIT, Joint Programme, Global change
2. Sirtl, S. (2010): Absorption thermischer Strahlung durch atmosphärische Gase.- Physikalisches Institut, Albert-Ludwig-Universität, Freiburg
3. National Energy Technology Laboratory (2010): Carbon Dioxide Enhanced Oil Recovery.- US Department of Energy
4. Garapati, N., Randolf, J., Valencia, J., Saar, M. (2014): CO_2-plume geothermal heat extraction in multi-layered geological reservoirs.- Energy Procedia 63
5. Shih, M. et al. (2016): Biochemical characterization of predicted Precambrian RuBisCo.- Nature Comunications, 2016; 7: 10382
6. Nederhoff, E. M. (1994): Effects of CO_2 concentration on photosynthesis, transpiration and production of greenhouse fruit vegetable crops.- phD thesis, Landbouwuniversiteit Wageningen, NL
7. Zhu, Z. et al. (2016): Greening of the Earth and it drivers.- Nature Climate Change, 25.4.2016
8. Drew, G. (2015): Carbon Crisis, Systematic risk of carbon emission liabilities.- Technical report; National Institute of Economic and Industry Research (NIEIR)
9. IPCC, 2013: Climate Change 2013: The Physical Science Basis. Contribution of Working Group I to the Fifth Assessment Report of the Intergovernmental
10. IPCC, 2013: Climate Change 2013: The Physical Science Basis. Contribution of Working Group I to the Fifth Assessment Report of the Intergovernmental
11. Le Queré, C. et al. (2015): Global carbon budget 2014.- Earth Syst. Sci. Data, 7, 47–85
12. IPCC 2013: Klimaänderung 2013; Naturwissenschaftliche Grundlagen. Zusammenfassung für politische Entscheidungsträger.-Beitrag der Arbeitsgruppe I zum fünften Sachstandbericht des zwischenstaatlichen Ausschusses für Klimaänderungen
13. IPCC, 2013: Climate Change 2013: The Physical Science Basis. Contribution of Working Group I to the Fifth Assessment Report of the Intergovernmental, Panel on Climate Change [Stocker, T. F., D. Qin, G. - K. Plattner, M. Tignor, S. K. Allen, J. Boschung, A. Nauels, Y. Xia, V. Bex and P. M. Midgley (eds.)]. Cambridge University Press, Cambridge, United Kingdom and New York, NY, USA, 1535 pp.
14. Kiel, J. T., Trenberth K. E; 1997: Earth's Annual Global Mean Energy Budget; Bull. American Meteorological Society, Vol 78, 2
15. Stefan Rahmstorf; http://www.bpb.de/apuz/30101/klimawandel-einige-fakten?p=0
16. http://www.umweltbundesamt.de/service/uba-fragen/ist-nicht-wasserdampf-statt-CO_2-das-wichtigste
17. Shine, K. P. et al. (2001): Radiative Forcing of Climate.- IPCC Tar WG1

18 Ball, T. (2016): Junk Science of Climate Sensitivity and CO_2 forcing.- Principia Scientific International
19 Hansen, J. et al. (2013): Climate Sensitivity, sea level and atmospheric carbon dioxide.- Philosophical transactions of the royal society, A371
20 Bardeen, C. G. et al. (2017): On transient climate change at the Cretaceous-Paelogene boundary due to atmospheric soot injections
21 IPCC, 2013: Climate Change 2013: The Physical Science Basis. Contribution of Working Group I to the Fifth Assessment Report of the Intergovernmental Panel on Climate Change [Stocker, T. F., D. Qin, G. - K. Plattner, M. Tignor, S. K. Allen, J. Boschung, A. Nauels, Y. Xia, V. Bex and P. M. Midgley
(eds.)]. Cambridge University Press, Cambridge, United Kingdom and New York, NY, USA, 1535 pp.
22 http://spot.colorado.edu/~koppg/TSI/
23 US CLIVAR (2017) Arctic Change & Its influence on Mid-Latitude Climate & Weather. https://usclivar.org/meetings/2017-arctic-mid-latitude-workshop-summary
24 Pohlman, J. W. et al. (2017): Enhanced CO_2-uptake at a shallow Arctic Ocean seep field overwhelms the positive warming potential of emitted methane.- Proceedings of the National Academy of Sciences; PNAS. 1618926114
25 Luckman, A. The conversation Blog (12.7.17) http://theconversation.com/ive-studied-larsen-c-and-its-giant-iceberg-for-years-its-not-a-simple-story-of-climate-change-80529
26 http://www.srf.ch/sendungen/club/keine-eisbaeren-mehr-wegen-klimawandel
27 https://www.researchgate.net/publication/11126342_Microsatellite_DNA_evidence_for_genetic_drift_and_philopatry_in_Svalbard_reindeer
28 http://www.suedkurier.de/nachrichten/kultur/So-reagiert-die-Kunst-auf-den-Klimawandel;art10399,8769773
29 http://www.xing-news.com/reader/news/articles/825409?link_position=digest&newsletter_id=24211&toolbar=true&xng_share_origin=email
30 Rahmstorf, S., Revill,C. Harris, V.(2017): 2020 The Climate Turning Point.- Potsdam Institute for Climate Impact Research
31 Summary for Policymakers AR5 WGII 2014; http://www.ipcc.ch/pdf/assessment-report/ar5/wg2/ar5_wgII_spm_en.pdf
32 BAFU (2015): Kenngrössen zur Entwicklung der Treibhausgasemissionen in der Schweiz 1990-2013
33 Keller, M. (2015): Tanktourismus und Eurokurs.- Im Auftrag der Erdöl-Vereinigung
34 IPCC, WG1 AR5 FAQ 12.3. What would happen to future climate if we stopped emissions today?
35 Lomborg, B. (2016): Impact of Current Climate Proposals.- Global Policy Volume 7,1
36 IPCC AR5 (2015): Climate Change 2014 Synthesis Report
37 EIA: International Energy Outlook 2016; https://www.eia.gov/outlooks/ieo/electricity.php
38 https://www.c2es.org/federal/obama-climate-plan-resources
39 Wynes, S., Nicholas, K. (2017): The climate mitigation gap: education and government recommendations miss the most effective individual actions.- Environmental Research Letters 12
40 WHO 2014: Burden of Disease from Airpollution 2012

41. Ferroni, F., Hopkirk, R. J. (2016): Energy Return on Energy Invested (EroEI) for Photovoltaic solar systems in regions of moderate insolation.- Energy Policy 94
42. Raugei, M. et al.(2017): Energy Return on Energy Invested (EroEI) for Photovoltaic solar systems in regions of moderate insolation: A comprehensive response.- Energy Policy 102
43. Hall, C., Balogh, S., Murphy, D. (2009): What is the Minimum EROI that a Sustainable Society Must Have?- Energies 2009, 2
44. Frischknecht, R., Itten, R., Flury,K.; Treibhausgas-Emissionen der Schweizer Strommixe.- Im Auftrag des Bundesamtes für Umwelt BAFU, 2012
45. Frischknecht, R. et al. (2012): Treibhausgas-Emissionen der Schweizer Strommixe V.1.4.- Im Auftrag des Bundesamtes für Umwelt, BAFU
46. In den Seen steckt viel Energie. Medienmitteilung EAWAG zur Publikation in Water Resources Research 15.9.2014
47. Blick, 16.12.2014
48. Kenngrössen zur Entwicklung der Treibhausgasemissionen in der Schweiz. UVEK 2016
49. Hirschberg, S. (Ed.) et al. (2016): THELMA; Opportunities and challenges for electric mobility: an interdisciplinary assessment of passenger vehicles.- PSI, EMPA, ETHZ, Nov. 2016
50. Elektrofahrzeuge: Marktpenetration in der Schweiz bis 2020.- ALPIQ 2010
51. Higgins, T. (2017): Tax change devastates Tesla's sales in Hongkong.- Market Watch 9.7.17 http://www.marketwatch.com/story/tax-change-devastates-teslas-sales-in-hong-kong-2017-07-09
52. GWS - Bundesamt für Statistik, Wohngebäude nach Bauperiode, Stand 31.12.15
53. Pfister. M., Zedi, V., Zimmermann, S. (2010): Ersatzneubau, Hemmnisse und Anreize.- Master-Thesis, Hochschule für Wirtschaft Zürich
54. Vonmont, A. (2016): Sanieren mit dem Blick fürs Ganze.- Fachbeitrag, Bundesamt für Energie
55. Leibundgut, H. (2007): Via Gialla - Wegbeschreibung in eine nachhaltige Energie-Zukunft der Gebäude.- ETH Report
56. Häring, M. 2015: Der 2000-Watt-Irrtum
57. Gunzinger, A. (2015); Kraftwerk Schweiz, Plädoyer für eine Energiewende mit Zukunft
58. Brugger, E. et al. (2009): Erneuerbare Energien: Übersicht über vorliegende Studien und Einschätzungen des Energie Trialog Schweiz zu den erwarteten inländischen Potenzialen für die Strom-, Wärme- und Treibstoffproduktion in den Jahren 2035 und 2050 inklusive Berücksichtigung der Potenziale aus Abfällen.- Grundlagenpapier für die Energie-Strategie 2050.- Energie-Trialog Schweiz
59. Ferroni, F., Hopkirk, R. (2016): Energy Returned in Energy Invested (EroEI) for photovoltaic solar systems in regions of moderate insolation.- Energy Policy 94 p 336-344
60. Murphy, D., Hall, C. (2010): Year in review - EROI or energy returned on (energy) invested.- Ann. N. Y. Acad. Sci. ISSN 0077-8923
61. http://www.bp.com/en/global/corporate/energy-economics/energy-outlook.html - BPstats

15 Glossar

CO_2	Kohlendioxid
CH_4	Methan
THG	Treibhausgas
IPCC	Intergovernmental Panel for Climate Change. Zwischenstaatlicher Ausschuss für Klimaveränderungen, im Deutschen oft als «Weltklimarat» bezeichnet
UNFCCC	United Nations Framework Convention on Climate Change. Rahmenübereinkommen der Vereinten Nationen über Klimaänderungen
CCN	Carnot-Cournot Netzwerk. Verein für unabhängige Politberatung in Technik und Wissenschaft
MIT	Massachusetts Institute of Technology
GOE	Great Oxidation Event; In der Erdgeschichte das Auftreten des ersten freien Sauerstoffs in der Atmosphäre
WHO	World Health Organisation
RCP	Representative Concentration Paths. Standardszenarien zur Klimamodellierung
kWh	Kilowattstunde
MWh	Megawattstunde = 1000 Kilowattstunden
GWh	Gigawattstunden = 1000 Megawattstunden
TWh	Terawattstunde = 1000 Gigawattstunden
PgC	Petagramm (10^{15} g) Kohlenstoff = 1 Milliarde Tonnen Kohlenstoff
CCS	Carbon capture and sequestration. Kohlendioxid-Abscheidung und Sequestrierung (Untertage-Entsorgung)
NaWaRo	Nachwachsende Rohstoffe. = Anbau zur Erzeugung von

EROI	Energie. Zu unterscheiden von Reststoffen aus der Tierzucht, Forstwirtschaft und Nahrungsmittelproduktion Energy returned on Energy invested. Oft auch mit den Kürzel ERoEI genannt. Beschreibt das Verhältnis zwischen der gewonnenen Energie und der Energie die man vorgängig in das System stecken musste